见识城邦

更新知识地图　拓展认知边界

SPENCER WELLS

THE JOURNEY OF MAN

A Genetic Odyssey

人类的旅程

基因的奥德赛之旅

[美] 斯宾塞·韦尔斯 著

张涛 严墨 译

中信出版集团 | 北京

图书在版编目（CIP）数据

人类的旅程：基因的奥德赛之旅 / (美) 斯宾塞·韦尔斯著；张涛，严墨译. -- 北京：中信出版社，2019.11

书名原文：The Journey of Man:A Genetic Odyssey

ISBN 978-7-5217-0664-2

Ⅰ. ①人… Ⅱ. ①斯… ②张… ③严… Ⅲ. ①人类起源－普及读物 Ⅳ. ①Q981.1-49

中国版本图书馆CIP数据核字(2019)第107694号

人类的旅程：基因的奥德赛之旅

著　　者：［美］斯宾塞·韦尔斯
译　　者：张涛　严墨
出版发行：中信出版集团股份有限公司
　　　　　（北京市朝阳区惠新东街甲4号富盛大厦2座　邮编　100029）
承 印 者：北京通州皇家印刷厂

开　　本：787mm × 1092mm　1/16　　印　　张：15.5　　字　　数：192千字
版　　次：2019年11月第1版　　印　　次：2019年11月第1次印刷
京权图字：01－2019－4186　　广告经营许可证：京朝工商广字第8087号
书　　号：ISBN 978－7－5217－0664－2
定　　价：58.00元

目 录

前　言　001

第一章　形形色色的猿类

同一物种……　010

……还是多个物种？　016

象牙塔之外　019

第二章　合众为一

驱动力　028

意大利人的进展　030

“奥卡姆剃刀”　033

字母乱码　035

拥挤的伊甸园　038

酒后之勇　045

一切只关乎时间　050

第三章　夏娃的配偶

水，到处都是水……　058

却无水可喝　061

重压之下　063

亚当来迟　067

弹舌音　069

面对面　071

走出安乐窝　073

第四章　滑开

死亡与衰变　078

海陆大餐　081

M&M's 彩虹豆　084

锡兰之泳　090

澳大利亚的阿勒山　094

第五章　突飞猛进

心灵体操　099

细菌汤　108

极致之寒　111

第六章　主干道

大陆的隔离桩　126

啊吼，向东！　131

筷子　138

第七章　石中血

艺术气质　147

渴望约会　149

含饴弄孙　152

垫脚石　154

最后边疆　157

命由天定　164

移民狂潮　165

大爆炸　168

第八章　文化的重要性

与过去的决裂？　171

第二次大爆炸　174

基因辐射　175

稻作人　180

双刃镰　182

咿呀学语　184

寻找故乡　188

全景世界　196

一则警告　199

性别政治　201

回到大海　205

第九章　终极大爆炸
一条语言线索　213
口音的消失　215
全球熔炉　218
正在关闭的窗　222

致　谢　225
阅读推荐　227

前　言

我们中的大多数人都能叫出自己祖父母的名字，相当一部分人能叫出自己曾祖父母的名字，少部分的人能够叫出自己曾曾祖父母的名字。在这之后，我们就进入了一个名为历史，既黑暗又神秘的领域，只能依靠耳语般的指引踯躅前行。那些先人是谁？他们住在哪里？他们过着怎样的生活？

在这本书里，我将告诉你：这些问题的答案就埋藏在我们的遗传代码中，正是这些代码使我们成为独一无二的物种——人类，也使我们成为各不相同的个体。我们那隐藏在由四个简单的字符组成的螺旋中的DNA（脱氧核糖核酸），是一份历史文献，从生命起源，到第一个自我复制的分子和我们阿米巴样的祖先，再到今日。今天的我们正是这10多亿年进化变异的最终结果。基因记录着那些揭示我们生命传承历史的环节和拐点。

然而，传达这些信息的并非代码本身，而是我们在比较来自两个或两个以上个体的DNA时所发现的差异。这些差异是基因的历史语言，正如你不会把“水栖”这一子类纳入鱼类的分类体系中一样，因为所有的鱼都生活在水中。同样，我们遗传代码的相同部分对于我们的历史没有任何意义。生命传承的故事正在于那些差异，这才是我们要研究的。

与其说本书与人类的起源相关，毋宁说它与我们作为一个物种所经历的旅程相关：从非洲的出生地到地球的每一个偏远角落，从现代人类的最早形态到今天——乃至更久远的未来。贯穿始末的论点是遗传学为我们提供了一张人类的漫游地图，并给予我们大致的日期。然而，我们需要将这些数据与考古学、气候学的证据和记录整合，让地图更加完整。当然，每一次旅程都注定会有一个开端，这次也不例外。本书从理解人类多样性的意义的科学研究出发，而这就需要我们回到人类的起源之地。书中使用的追踪人类全球旅程的方法和用来推断我们非洲起源的方法如出一辙。由于关注的是这趟旅程本身，所以我们并不会涉及太多原始人类的生活细节。

这本书最初是作为同名纪录片项目的一个组成部分酝酿而成的。独立成篇后，它便作为一个独一无二的载体，提供了远比纪录片所能呈现的更多更丰富的科学细节。从另一个角度说，纪录片能够呈现一种几近现场的直观体验，传达只有通过影像才能让人充分感受到的与这段旅程相关的狂喜与冒险。我希望本书的读者也能享受这段旅程。

通常而言，我们很难同时兼顾好纪录片和书本本身，但是，这种做法也有一些显而易见的优势：于我而言，有机会重走一趟我个人的“人类之旅”，有机会与来自世界各地的人相遇——看看他们怎么生活，和他们讨论这些科学探索的最新成果，是一种深刻而美妙的体验。我希望这种感觉能跃然纸上。

本书原标题[1]的选择自有其原因，但非男权思想。我们所追踪的

[1] 本书原标题为 *The Journey of Man*，直译为“男人的旅程”。——译者注（如无特殊说明，以下均为译者注。）

旅程主要是由男性完成的，正是从亚当那里通过父系血缘传承下来的Y染色体，成为我们破译这段旅程的最锋利、最好用的工具。与我们的遗传代码的其他部分相比，Y染色体更有助于我们将这些石头、骨头和语言整合为一体，最终给我们提供遗传学的答案。当然，为了延续后代，这些早期人类群体中必不可少地会有女性存在；虽然我们在这段旅程的回溯过程中有可能会遗漏一些与女性相关的特殊细节，但与我们只有通过父系血缘的追溯才能得到的结论相比，这种遗漏是值得的。

接下来登场的是一部根据事件时间顺序组织起来的科学侦探故事。让我们先从一个带有迷惑性的简单问题开始：我们怎么来断定人类“种族”这个概念是否具有正当性？我们所有人事实上都归属于同一种系，还是说在人类群体内部存在着彼此不相干的不同支系？毕竟，我们看上去是如此千差万别。最早给出答案的，是我在哈佛大学的博士生导师理查德·莱文廷（Richard Lewontin），他给我们提供了有关这段旅程的线索，但并未揭示关键细节。

第二个主要问题涉及我们的地理分布。我们是如何占领世界的每一个角落的？ DNA 标记能为我们提供细节。这种研究方法是在半个世纪的时间里发展起来的，深受卢卡·卡瓦利-斯福尔扎（Luca Cavalli-Sforza）的影响。我有幸在20世纪90年代成为斯坦福大学的博士后并与他共事。作为一个对历史充满激情同时兼具数学天赋的遗传学家，卢卡具有非凡的洞察力。他将历史研究的方法与计量方法结合起来，为我们提供了一种时光机器，这种机器使我们能够依凭生活在今天的人重现有关过去的种种故事。没有他的卓越贡献，本书不可能完成。站在他的肩上远望，令我们保持谦逊之心。

通常，在考古挖掘中，最为扣人心弦的事情之一，就是你身处其中，亲眼看到，并亲手握住那些被生活在几百年前甚至几千年前的人类触摸过的器物时产生的意识。这意识是如此之强烈，以至于有一种似曾相识的感觉涌上心头，仿佛瞬间被带回了当时的场景。记得还是孩子的时候，我看过在美国巡回举办的图坦卡蒙展览，当时的我完全被现代技术和远古题材的结合震惊。看上去，这些展品尽管有着让人难以置信的外国情调，但好像是在一周前刚刚被一个技术娴熟的手工艺人打造出来的。事实上，这些事物非同寻常，有着将近 4 000 年的历史。这激发了我对于过往的好奇，这种好奇自此从未衰减。

遗传学，至少是它关于人类起源与迁徙的部分，尽管讲述的故事迷人，但不像考古学那么引人注目。今人的照片反映了今天人们实际的生活方式，而我们对遗传历史的了解是从生活在现在的人的血液中推断出来的，正是他们鲜活的基因给予了我们线索。我们每个人都随身携带着自己内在的个人史册，我们只需要学习如何去阅读它。

澳大利亚原住民通过音乐故事来维持他们与祖先和故乡的联系，这种带音乐的故事被布鲁斯·查特文（Bruce Chatwin）和其他人称为“歌之版图”。这些版图反映了他们的祖先的实际旅程：在“时间之外”（Dream time）[1]——集体记忆形成以前的久远过去。从某种意义上说，这恰恰是我们的 DNA 研究项目试图达成的目标：为生活在今天的每个人恢复一幅全球性的歌之版图，描述他们是如何到达他们现在的位置的，他们的旅程是怎样的。普通的西方人比世界上其他地区的人更多地遗失了传统的歌之版图，所以西方科学发展出了重新发现这些版图的方法也许恰逢其时。当然，我们的研究并非在真空中进行，科学有时候也会对文化信仰产生粗暴的影响。我希望这本书能够推动这个领

[1] Dream time，人类学用以研究澳大利亚原住民的术语，代指“时间之外”“时时刻刻”，澳大利亚原住民的先祖就生活于其中。——编者注

域向其本真方向迈进一小步，成为那些散布在世界各地，但对我们共同的历史感兴趣的人通力合作的成果。

那么，让我们把这篇前言作为概述，正式开启我们的基因发掘。过去正等待着我们……

第一章

形形色色的猿类

神就照着自己的形象造人，乃是照着他的形象造男造女。神就赐福给他们，又对他们说："要生养众多，遍满地面……"

——《圣经·创世记》1:27–8

创世神话居于所有宗教信仰的核心位置。绝大多数的神话试图回答孩子们的问题："我们究竟来自何方？"——然后以一种简洁的方式来解释我们的存在以及我们在这个世界的位置。尽管这些创世神话试图解释我们是怎样起源的，但是对我们从遍布世界的人群那里观察到的种种文化的、外形的、肤色的差别，这些创世神话却没法解释清楚其由来。为什么我们彼此看起来是如此不同？我们是怎样散布并定居在如此辽阔的地方？

希罗多德，这位公元前5世纪的希腊历史学家，给后人提供了远比对希波战争的历史记载更为丰富的内容，其中就包含有对人类多样性的最早的描述，当然，是从他所处的古典时代的特殊角度出发的。从他的历史记载里，我们知道了肤色黝黑神秘的利比亚人，生活在俄罗斯北部的野蛮食人族昂多罗帕哥伊人（Androphagi），还有一群看上去接近土耳其人和蒙古人的人。希罗多德还提到格里芬[1]在亚洲的崇山峻岭中守护着珍贵宝藏的传说，将我们引向北印度那些充满异国情调的部落，那里的部落民们从蚂蚁的巢穴里面一点点收集黄金。这部西方文学史上首部有关人类文化的论著，尽管存在一些显而易见的错误，但瑕不掩瑜，不失为一本杰作，它提供了那个时代关于人类已知世界的珍贵信息。

如果我们假定有一个天真的家伙，俨然当代的希罗多德，沿着赤道环地球飞行一圈，途中领略的人类群体和地区的多样性会令他相当震撼。片刻想象后，我们来到大西洋上空的笛卡尔坐标系正中，这里经度为 0 度，纬度为 0 度，距离非洲西部正中的加蓬共和国首都利伯维尔 1 000 千米左右。假设飞机从这里出发向东飞行，而我们能用科幻小说里常用的小伎俩，从天空这一高点俯瞰地面，我们将得到有关人类多样性的一些小小样本。

最开始迎上我们的是非洲人，精确地说，是说着班图语（Bantu language）的中部非洲人，他们有着漆黑的皮肤，主要居住在从森林中开辟出的小村落里。再往东走，视线所及仍然是黑色皮肤，但是这些人看起来多少有些不一样。他们是生活在东部非洲的尼罗河人，高而瘦削——差不多在地球最高人群之列。他们生活在林木稀少的热带大草原上，生计几乎完全依赖于牲口。散布在这两个族群之间的是操另外一种语言的哈特扎人（Hadza），这种语言不同于班图语和尼罗河语，差异程度接近后两者之间的差异程度，尽管这些群体生活的地域相当接近。

继续往东，迎面而来的是一大片漫无边际的水面，我们需要经过

[1] 希腊神话中鹰头狮身有翅的怪兽。——编者注

一段漫长的跋涉才能到达被称为马尔代夫的群岛。生活在这里的人，和我们在非洲看到的那些人截然不同，操另外一种语言。马尔代夫群岛人的皮肤是黑色的，同那些生活在非洲的人一样，但是，他们面部的细节相当不同，这完全可以从鼻子的形状、头发的类型和其他更多的细节看出。他们无疑和非洲人有关，但是又明显不同于那些非洲人。

让我们继续我们的旅行，横掠过同样巨大的水体，一座大型岛屿在我们的面前巍然而立。这里是苏门答腊岛。在这里我们会迎上明显是另一种风格的人，他们看起来比非洲人和马尔代夫群岛人的体形要小一些，有着别样的面部特征：非常顺直的头发，更浅的肤色和眼睛上有厚厚一层眼睑。再往东去，跨过无数不知名的岛屿，我们会再度遇到有着黝黑肤色的人，他们是美拉尼西亚人。在很多其他方面他们都与非洲人不同。也许他们的黑色皮肤仅仅是在这个地区独立进化出来的特征？抑或是这暗示着该地和非洲有某种密切的关联？

再往东我们会遇到波利尼西亚人，他们生活在散布于数千平方海里辽阔海面的小型珊瑚礁岛屿上。这些人看上去与我们之前遇到的苏门答腊岛人多少有些相似，但是，情形依然如故，他们又有所不同。最大的疑惑是，他们为什么生活在如此遥远的地方？他们又是怎么到达这里的？

我们的旅行还在继续，接下来我们抵达了南美洲西部的厄瓜多尔海岸。在厄瓜多尔首都基多，我们发现了人种的奇特混杂。看上去这儿似乎有两个主要的族群：一部分人在很多方面和马尔代夫群岛人类似，但是他们的肤色更浅；另一部分人和苏门答腊岛人、波利尼西亚人更接近。生活在相同环境中的人群之间存在着如此的差异，这事看上去确实比较不可思议。因为我们也曾造访过其他地区，在那些地区，生活在同一环境条件中的人都比较同质化。为什么单单厄瓜多尔与众不同？

在南美洲更往东的地方，我们还能发现截然不同的人种混合，比如说在巴西的东北海岸，我们还会与“非洲人”再度重逢，虽然他们住得离非洲这么远！在返回出发点的长途旅程中，我们可以深思这一路观察到的如同挂毯图案一般绚烂的人类多样性，还可以努力对这种多样性做出一种系统的阐释。

我们有关这个世界的短暂旅行多多少少是一种思维实验，在这个实验中我们想象着与不同的事物相遇会有什么样的感受，就像几百年前欧洲最初的地理大发现时期人们所经历的那样。我们不妨以一个无知者的角度，大胆地问一个相对于我们今天的历史知识而言似乎微不足道的简单问题。这个思维实验最有意思的地方在于，直到最近，除了非洲人和欧洲人在南美洲的相遇，我们对于我们所观察到的模式并没有现成的解释。

同一物种……

1860年6月30日这天，愤怒的大主教塞缪尔·威尔伯福斯（Samuel Wilberforce）登上了牛津大学自然历史博物馆图书馆的讲坛。在即将到来的这场论战中他被委以重任，这不仅仅是为了他自己的名誉，捍卫个人更是为了意义更为深远的他的世界观。威尔伯福斯认为自己是在为基督教的未来而战。现场进行的是关于人在自然中的位置的一场正式辩论。这个论题充满争议，在这之前不久还只限于教会和哲学家可以讨论。这位忠诚的主教引经据典，极尽雄辩之能事，坚信这个世界的历史有6 000年，由上帝于公元前4004年10月23日创造，这个日子可以通过《圣经》的大事纪年谱系推导出。在演讲中，他向在场的听众抛出了一个尖锐的问题，这个问题事实上也萦绕在大部分听众的脑海中：

我们难道真的会跟猴子有亲缘关系？这听上去是多么荒诞不经！

威尔伯福斯是一个老练的演讲者，对于绝大多数听众来说，他的论调相当有说服力。但是，尽管那天他在图书馆支撑住了场面没被打败，但在之后漫长的对垒中他注定会铩羽而归。这也预示着我们在对于如何看待我们自己在自然中的位置这件事情的态度发生了意义重大的变化。屠龙者们既非哲学家，也非神职人员，而是训练有素的科学家。约瑟夫·胡克（Joseph Hooker）和托马斯·亨利·赫胥黎（Thomas Henry Huxley）是维多利亚时代出类拔萃的精英人物，也是查尔斯·达尔文自然选择进化论的强有力的支持者。赫胥黎，这位伦敦矿业学院的生物学讲师，后来因“达尔文的斗牛犬”（Darwin's Bulldog）这个称号而广为人知。胡克是一位建树颇高的植物学家，也是英国皇家植物园园长助理。在威尔伯福斯的演讲即将结束之际，他们站了起来，与威尔伯福斯展开激烈的争论，听上去就像是敲响了有关人类起源的陈旧看法的丧钟。科学终于将人们引向一个充满勇气的美丽新世界。

这场发生在威尔伯福斯、胡克和赫胥黎之间的论战，不仅推动了公众对进化论的认识和接受（绝大多数受教育的人士早已经能够将世界置于进化论的情境中来加以理解），而且也有助于人们重新找到人类在这个世界中的位置。当我们视自己为一个全能造物主的神圣造物，我们就能轻而易举、理所当然地将自己与这个世界的其他生物分离开来。我们是主人、征服者，或者是被宠爱的，但独一无二的孩子。

达尔文的远见卓识彻底改变了所有这些。这个坏脾气的半隐士，只用纸面上留下的寥寥几笔（以及20多年对于鸽子与藤壶的潜心研究）就将人类从神圣造物的神坛上拉下，沦为生物修补的产物。最为吊诡的还在于，他压根就没有想过要做这样的事情。达尔文是一个富有的维多利亚时代贵族家庭的后裔。他的外祖父是乔赛亚・韦奇伍德[1]，他的父亲是一个富有的内科医师，至于达尔文本人，每天也会留出一定的时间经营自己的投资。在他 1831 年登上小猎犬号开始这趟发现之旅的时候，压根就没有任何想要破坏现状的意图。他确实渴望着冒险，同时也需要避开日益逼近的古板保守的乡村牧师的职业前景，而这在那个时代，对于一位剑桥毕业生来说，这是最为理性的职业选择。当然，他也在寻找着其他东西。

和维多利亚时代的很多人一样，达尔文从孩提开始就表现出了对科学的强烈兴趣。他经常会做一些实验，特别是和他的哥哥伊拉斯莫斯（Erasmus）在一起的时候。有一次他们在做实验时，实验偏离原来设定的方向，完全失控，把他们建在花园里的实验棚炸塌了。达尔文的兴趣主要还是在户外生物的多样性上。他异乎寻常地喜欢甲虫（他曾在书信中提到他“渴求”一位与他想法一致的甲虫爱好者），并且还花大量时间在野外搜寻那些珍稀物种标本。然而，正是他在剑桥读书期间培养起来的地理学兴趣，对他未来的工作产生了最深远的影响。

19 世纪早期地理学正经历着天翻地覆的变革——其中之一就是质疑人们对既往历史的全部解读，这里说的历史是《圣经》记载的历史。达尔文是一个被称为“均变论”（uniformitarianism）的思想流派的拥护者。均变论的思想最早由查尔斯・赖尔（Charles Lyell）提出。赖尔相信至今在地球上发现的各种力和物质都在以一种最基本的方式发生作用，即使是在遥远的过去。与“均变论”的拥护者针锋相对的是“灾变论”的拥护者（catastrophists），其中的代表人物有路易斯・阿加西斯（Louis Agassiz），一个移居美国的瑞士人，哈佛大学自然历史博物

[1] 乔赛亚・韦奇伍德（Josiah Wedgwood），英国陶工与企业家，创立了韦奇伍德公司，产品销往英国全境、欧洲其他地区与美洲。——编者注

馆的创建者。灾变论者认为在无事发生之时，地球处于长期稳定状态，但偶尔会有大灾降临，诸如《圣经》里记录的大洪水、冰期，抑或是地壳的大规模抬升。所有的重大变化，无论是生物有机体的变化还是这个星球本身的变化，都是这些突发事件促成的。这个世界上包括植物和动物在内的所有物种的分布都取决于它们所经历的一系列灾变性事件。

对于"灾变论"而言，它最大的问题在于过多地强调那些突如其来、偶然发生的重大变故具有的全能解释力。但是，即使没有这些戏剧性突发事件，有很多变化确实也在发生。如果不需要诉诸某些重大、偶然性事件，变化也能发生的话，那为何我们需要"灾变"呢？为什么我们不能简单地假定地球处在一种连续的渐进变化之中，其间经历的时间周期相当之长，这些缓慢渐进的阶梯状推进最后产生某种显著的结果？赖尔认为这看上去似乎更符合我们的实际观察结果。

所有这些都在潜移默化中影响了青年达尔文。那个时候的他，刚刚以菲茨罗伊（FitzRoy）舰长"绅士同伴"的身份登上英国皇家海军舰艇小猎犬号。这个与众不同的身份出自维多利亚时代的社会风俗，在时人的观念中，舰长被认为居于社会等级相对高的位置，以至于他不能随便和船员们打成一片。这也正是达尔文得以作为官方博物学者兼随船外科医生登上小猎犬号的原因。在船到达巴西的时候，达尔文和菲茨罗伊舰长最终闹翻，前者正式退出了这次航海任务。但无论如何，达尔文都是这次旅行中如假包换的博物学家，由于未充任任何正式职务，他在从事兴趣研究时拥有较多的回旋余地。

他基于船上 5 年时光写出的航海日记《小猎犬号科学考察记》（*The Voyage of the Beagle*），成为 19 世纪旅行文学的经典之作。在旅行中，达尔文有一些重要的成果，比如对珊瑚环礁为什么是圆形的给出了一些合理的解释（火山群退化），并且认定塔希提岛人真的很有魅力。最为重要的，是他对于自然选择作用，以及这种作用对物种起源和进化所具有的深远影响的洞察。自然选择的重要性已被后来的学者反复论述，以至于我们没有必要在这里再作赘述。我只能说，如果达尔文没有认识到自然选择作为进化驱力的重要意义的话，赫胥黎和威尔伯福斯就不会在1860年针尖对麦芒，而你也不可能读到眼前这本书。

这只是达尔文关注的众多研究主题之一，这些让我们深感兴趣的内容即使在他那些更早写就的重要作品中也能被辨识出来。但是，达尔文对这个主题的处理远比他对生物进化的讨论更为小心翼翼，饶费心力。这直接表现为，他在犹豫了近30年后才在《物种起源》这本书里把它——人类的起源和演变——表达出来。更进一步说，正是透过维多利亚时代科学家特有的观察角度观察得来的人类多样性，使他拥有一种去解释他所观察到的不同人种模式的热切心理。为什么这世界上的人彼此间会如此不同？

1831年12月27日，小猎犬号正式从普利茅斯附近的德文波特港启航，沿途造访了佛得角群岛、巴西、阿根廷、火地岛、智利、厄瓜多尔、加拉帕戈斯群岛、塔希提岛、新西兰、澳大利亚、毛里求斯和巴西（二度造访），并于1836年10月2号正式返航。穿梭在跨度如此之大的环状路线上，达尔文有机会亲身接触种类众多的人类群体。他在巴西探险，目睹了在潘帕斯草原上活动的阿根廷高乔人（gauchos）；他在智利向导的带领下徒步进入安第斯山区。也许在他所见到的人类群体中，特色最为鲜明的要数火地岛的原住民。

达尔文是这样描述这些火地岛原住民的："他们有着发育不良的身高，用白色颜料涂抹得丑陋的面孔，肮脏油腻的皮肤，拧作一团的乱发。声音嘈杂刺耳，举止粗鲁不堪……看着这些人，真的很难让人相信他们和我们是同一造物主的造物。"很显然，这绝非绝大多数人在被要求描述“高贵野蛮人”时脑海中浮现出来的形象。

事实上达尔文早在5年前就和被菲茨罗伊舰长带回伦敦的三个火地岛人一起旅行了。这三个人被绑架者们滑稽地命名为“火地岛篮子”（Fuegia Basket）、“吉米纽扣”（Jemmy Button）、“约克大教堂”（York Minster），他们的真实姓名为Yokcushlu、Orundellico和El’leparu。在早期的旅行中，小猎犬号的水手们在小船被偷后，强制将他们带走作为人质。这三个火地岛人虽然与维多利亚时代的英国人格格不入，但是，他们也学着使用简单的英语，甚至还模仿英国中产阶级的一些做派。比如说，每当达尔文习惯性晕船不适，吉米就会在一旁反复喊道：“可怜，可怜的家伙！”尽管这些生活在英国的火地岛原住民有着鲜明的异域特质，但达尔文很清楚，他们也是人类的一部分，即便是带着他那维多利亚时代特有的阶层眼光来看，也要承认这一点。在做比较时，达尔文认为小猎犬号的水手比火地岛人更迷信。至于火地岛人普遍较低的生活水准，达尔文将其归咎于他们平等主义的政治系统。尽管他也许在政治上有些天真，但是在科学性上他确实居于他所处时代的前列。

更重要的是，在先天与后天的争论中，达尔文站到了后天这边。即便是自然状态下让人望而生畏的火地岛人，也和小猎犬号上的船员一样，都是同一物种的组成部分。在他旅行日记的结束章节里，达尔文给当时在美洲盛行的野蛮的奴隶贸易以一记漂亮的勾拳，他为此所做的声明是有史以来有关人类权利的最为辛辣的表达之一：“人们总是试图为奴隶制开脱，例如把奴隶的生活状态与我们更为穷苦的农民做对比。如果这些穷苦人的悲惨境遇是被什么东西造就的话，一定不是因为自然的法则，而是因为我们的制度，我们的罪行更大……”

但是，话又说回来，如果人类同属一个物种的话，我们该怎么解释在人们肤色、外形和文化上呈现出来的令人目眩的差异呢？这些物种究竟源自何方？我们的祖先们是如何长途跋涉到诸如好望角、西伯利亚、火地岛这些遥远的角落的？对于这些问题，人们只能等到150年之后，通过对骨骼、血液和DNA的研究迂回找到答案。

……还是多个物种？

我们该如何定义“物种”呢？20世纪中叶以来一个广为接受的定义是，对于那些分布广泛的生物群来说，所谓的物种意味着可杂交或具有潜在杂交能力的生物群。换句话说，如果在一起有可能繁殖出下一代，那就肯定是同一种属。对于达尔文而言，他的写作完成于这个被奉为金科玉律的定义被广为接受之前，此时这种人类的共性并不是那么无可置疑的。在小猎犬号旅行接近尾声的时候，达尔文的废奴主张是发自内心的。在那个时代，奴隶制已在英国逐渐被宣布为不合法，但在美国和其他地方，有关奴隶制去留的争论仍然方兴未艾。很多人都持不同观点，并就人类能否被清楚地划分成边界清晰的各个不同种或亚种展开激烈争论。动植物分类最早是在18世纪早期，由瑞典植物学家卡尔·冯·林奈正式规范下来的。林奈大胆开始了为这星球上的所有生物进行分类的尝试，这是一桩令人望而却步的苦差，但是他却试图把它做得更完善。在所有的创新中，他给我们留下的植物体系的双名命名系统影响最为深远，为生物学家们沿用至今。拉丁文的种属的观念在学校里人尽皆知，就如智人（*Homo sapiens*）这个概念一样。

林奈认识到所有的人都是同一种属的组成，但是他也会用一些额外的子分类标准来指称他所观察到的人种或人种亚种。这些分类包括非洲人（*afer*）、美洲人（*americanus*）、东亚人（*asiaticus*）和欧洲人（*europaeus*），还有一类被不当定义的、公然的种族主义类别，他称之为怪物种（*monstrosus*），包括达尔文描述的火地岛人和其他族群。对于林奈来说，这些人种之间的差异是如此之大，足以赋予这个附加分类以正当性。

达尔文，这位绝无仅有的客观的科学家，注意到人们在划分种族的时候过多地强调外在的特征。在他生命尽头完成的《人类的由来》（*The Descent of Man*）这本书里，他写道："考虑到在不同种族之间存在着的巨大的差异性，我们也必须对经由长时间自我观察习惯形成的善意的歧视做些许让步。"这是个相当重要的洞见，它有助于我们解释后续更多的关于人类起源的种种争论。

19 世纪美国赞同奴隶制的团体明显接受了林奈观点的极端部分。这种观点认为人类不同种族间事实上是各自孤立的，具有内在固有的不平等性。这使得人们比较容易视美国正在进行的野蛮压迫行径为正当行为。这种认为人类的不同种族孤立存在并各自发展的理论被称为多源论，多源这个词来自希腊语，意指"很多源头"。这种理论明显与《圣经》里一个亚当和一个夏娃结合产生了人类后代的伊甸园故事背道而驰，因此惹怒了教会。绝大多数的生物学家也反对这种多源论观点，因为他们注意到了人类不同种族之间广泛的杂交性。对于多源论者来说，这些反对的声音很是无力，这在路易斯·阿加西斯，这位瑞士灾变论学家身上得到了检验。根据斯蒂芬·杰伊·古尔德（Stephen Jay Gould）的描述，阿加西斯相信那些创作《圣经》的古代人压根对人类这些纷纭复杂的类型不了解，因此他们记载下来的只能是地中海一带的亚当故事。阿加西斯还认为，历史上肯定存在过黑人亚当、蒙古人亚当，当然，还有推测中的美洲人亚当。

虽然绝大多数的生物学家并不认可这种观点，但是这种观点还是通过一些人类学作品保存至今。之所以如此，是因为要去解释人类外在多样性不是一件轻而易举的事，相应地，我们也能够在化石里找到特定模式的记载。近来这种观点最广为人知的拥趸，非美国人类学家卡尔顿·库恩（Carleton Coon）莫属。库恩在20世纪60年代出版了两本颇有影响的著作，《种族的起源》（*The Origin of Race*s）和《人类现存的种族》（*The Living Races of Man*）。在这两本书里，库恩提出世界上存在着五种清晰的人类亚种：澳大利亚人种、开普人种、高加索人种、刚果人种和蒙古人种。他们从古代的原始人状态各自独立进化成为当前的不同形态。更为旗帜鲜明的是，库恩坚定地认为这些不同的人类亚种处在进化的不同阶段，比如非洲刚果人种就明显处在进化的早期阶段，而且似乎至今还在进化的死胡同里徘徊不前。他宣称欧洲人拥有的世界支配地位是他们在进化过程中体现出的基因优越性的功劳，他甚至还给那些因为担心种族杂交而半夜辗转反侧的人以某种安慰：

> 种族杂交会严重扰乱一个群体基因和社会的平衡状态。于是，新植入的基因倾向于消失或者是被限制在一个很小的范围内，除非它们能够提供一种与原来的基因相比较而言更突出的优势。我之所以做这样的声明，既非出于政治的考虑，也非出于经济的考虑，仅仅只是因为要不是上述这种机制的作用，人们是不可能分成白色、黑色、黄色和棕色的。

这可不是一个可以等闲视之的声明，因为他可是美国体质人类学协会（American Association of Physical Anthropology，世界上规模最大也最有影响力的人类学组织）的主席，宾夕法尼亚大学教授，宾夕法尼亚大学考古和人类学博物馆馆长，还经常在美国流行电视节目中抛头露面。

有意思的是库恩极力把自己和特定政治动机撇清的努力。他之所以如此是因为体质人类学刚摆脱了一段黑暗的历史，在那时它主动拥抱了政治。正如这种观点的主要支持者之一，阿莱斯·海德路加（Aleš Hrdlička）在1917年《美国体质人类学杂志》（*American Journal of Physical Anthropology*）创刊号里强调的那样，体质人类学既要研究人类也要服务人类的福祉——它并非简单的"纯"科学。在推进优生学项目，或是拟定移民政策时这门学科的工具属性，海德路加也尝试给一些基金赞助机构施加影响，让他们明白体质人类学并不只是一门晦涩难懂的学科，它自有其应用价值。很显然，有一些人听得太过用心了——马上就根据一些既谙于实用主义之道，又有政治野心的人类学家的建议行事。

象牙塔之外

19世纪以来人类学"作为一门以研究人类整体、人类整体的各组成部分，以及人与自然的关系为己任的科学"逐渐发展起来。

比起其他任何人，法国人保罗·布罗卡（Paul Broca）——正是他给出了这个定义——更有资格作为体质人类学这门现代学科的创建者。布罗卡是人类颅骨测量专家，他提出的测量法能够测出人类颅骨形态的最小差异，这些差异可以被用来预示一些天生的潜力。正是基于这些细微差异，布罗卡提出了一种更精细的人类划分标准。通过那些具有强大影响力的教科书的推广，布罗卡测量法让科学界精神振奋。很快每个人都想测量自己的颅骨。

在英国，一个名为弗朗西斯·高尔顿（Francis Galton）的业余科学家成为布罗卡最早的支持者。高尔顿从祖上那里继承了一笔数量可观的遗产，能够资助一系列的研究项目，其中就包括统计学和生物学。很快，他就迫不及待地去测量人类身体上大大小小的部分，力图从科学的角度为人类多样性做一些标准化的分类。这样的举动注定是要失败的，要不是误读了达尔文自然选择的理论而使得他的观点如一剂烈酒，高尔顿的尝试有可能被描述为“不过是一位狂热者醉心于人类的分类”。

正如我们更早时候观察到的那样，达尔文并不是一个“坚定”的种族主义者。他和常人一样都倾向于抱有小小偏见，但是从他有关这个主题的为数不多的表述来看，我们能推导出这样的结论：他坚信按照人类生物学上的发展潜能来看，人在很大程度上是平等的，无优劣之分。但是对于他的很多支持者来说，事实并非如此。例如，哲学家赫伯特·斯宾塞发明了“适者生存”这个概念，并在一系列被广泛阅读的著作和文章里大量使用这个概念来证明19世纪晚期英国固有的社会阶级划分的合理性。如果一个社会内在的阶级区分能够得到科学解释的话，那么不同文化之间存在的差异是不是也会有类似的原因？和维多利亚时代对分类的痴迷结合起来后，这种看法从“强权即公理”的传统观念跃升为一种文化差异必然能够用科学的手段定义的想法，对于优生学运动随后的发展有很大的助益。

这个运动的初衷是好的。优生学事实上意味着“好的出生”（谁能够反对这个呢？），在一定程度上，它在历史上一直存在。《塔木德》（Talmud）这本古代犹太法典的汇编就鼓励男人卖掉他所有的财产，换成聘礼去迎娶一位学者的女儿，这样他们的后代才会很聪明（和学者的女儿们约会当然不会太便宜）。然而，只有到了19世纪末期，优生学才真正“腾飞”。之所以如此，原因很复杂，但是和维多利亚时代的人对自我完善的追求，对新的科学领域比如遗传学的兴趣，以及体质人类学研究所带来的规模可观的新数据有关系。

作为对高尔顿的纪念，1907 年英国成立了优生学教育学会。它阐明自己的目标是通过对“合适的”个体的有选择的养育来促进人类基因库的改良。优生学运动很快就在美国风靡一时，在美国，人们早先就倾向于接受这样的理论，认为通过运用科学知识确实能达成自我完善。很快，“优秀家庭”评比成为美国各州的州集会的共有特色项目，人们围绕最优秀家庭的荣誉称号和奖金展开激烈竞争。优生学也横扫了欧洲大陆，在那里，它更为黑暗的分支打着德国种族政策的旗号出现了。

尽管优生学一开始是作为致力于社会启蒙的社会运动出现的，但它的目标很快堕落了，在 1910 年至 1920 年前后的美国，它被当作对那些被认为智力低下的人进行强制性绝育的科学依据。在那些受种族主义影响而极其严苛的移民测试和限额分配政策实施的背后也找得到优生学的身影（19 世纪 20 年代，那些来自东欧的绝望、贫苦的移民绝大多数不识字，却被要求在抵达美国纽约埃利斯岛的移民检查站时拥有一定的阅读能力）。纳粹分子在 20 世纪 40 年代对犹太人、吉卜赛人、同性恋者和其他被假定为劣等的群体采取的系统性灭绝政策同样有着优生学原则运用的科学根据。在证明“有用”的竞赛中，体质人类学远远跑到了前面。

纳粹令人发指的暴行被大白于天下，也难怪库恩要努力在自己的写作中与政治目的保持距离。即使是在 20 世纪 60 年代早期美国盛行的种族隔离氛围下，建设某种基于体质人类学新发现的政治行动也会揭开一道刚刚开始愈合的伤疤。相反，他将人类种族间的差异呈现为一种对世界的客观的、科学的观察，好坏皆如此。他似乎是想说，如果你不喜欢消息本身，不要责怪把消息捎来的信使。但是他宣称自己的结论完全基于对手边证据的客观评估这种说法是有问题的，因为从来没有人真的验证过他的基因假说。我们的基因对人类种族差异说了些什么？

第二章

合众为一

我们称为起点的时常是终结，然而结束即是开始。我们从终而始。

——T. S. 艾略特（T. S. Eliot），《小吉丁》（“Little Gidding”），选自《四个四重奏》（*Four Quartets*）

直到 20 世纪，对人类多样性的研究还仅局限于裸眼能够观察的范围。在被称为“采集阶段”的体质人类学发展时期，布罗卡、高尔顿以及欧洲和美国的生物测量学家们做了大量的研究。在这个科学调查新领域发展的早期阶段，并没有一个统一的理论可以用来分析积累的数据资料。对于当时数量剧增的人类形态多样性数据而言，只有一个问题——在新发现的遗传规律与以往测量的生物特性之间不存在简单的对应关系。既然人类形态是由遗传因素决定的，很显然会有数十种甚至数百种独立的基因控制着这种多样性。即使在今天，基因这种潜在作用仍有待破译。试想在布罗卡的颅骨测量研究中，若在两个无关联的个体上发现了一种特殊的头盖骨凸起，难道它就代表了相同的基因变化吗？这些凸起真的是一种相同的特性，并能够代表真正的基因联系吗？或者它们的出现只是偶然，只是表面相像？在那时，人们根本不可能知道答案。

基因变异对于人类多样性研究非常重要，因为确实是基因的变化导致了进化。就最基本水平而言，进化只是物种在一个长的时段里基因组成的改变而已。因此，为了评估个体间联系的紧密程度——特别是评估他们是否成为一个单一物种时——至为重要的是了解他们的基因状况。如果他们的基因类似，那么他们毫无疑问就属同一物种。体质人类学迫切需要的是有着单一遗传模式的不同人类特质的集合。这些特质，也就是所谓的多态性（polymorphisms）。这个词来源于希腊语，是“很多形态”的意思。人们用它来研究人类多样性并试图进行分类。类似血友病这样的疾病，其致病特质广为人知，便是不错的例子。但是，这些致病多态性的最大问题是它们太过稀少，以至于没法用于分类。那些遗传意义上常见的、简单的多态性更为关键。

这个目标在1901年得以达成，其时卡尔·兰德施泰纳（Karl Landsteiner）注意到两个不相干的人的血液在混合时发生了有意思的反应，有时它们会凝结，形成很大的血块。这种凝结反应表现出可遗传性，它形成对人类活体生化多样性的最早的表述。这个实验引申出对人类血型的划分，然后很快就被全世界应用到输血治疗实践中。如果你的医生告诉你，你的血型是A型，这实际上是一个世纪前由兰德施泰纳给出的第一种血液多态型的命名。

在兰德施泰纳深具远见的工作基础上，瑞士的赫兹菲尔德夫妇（Hirszfelds）在第一次世界大战期间的希腊城市萨洛尼卡对士兵们开展了血液测试工作。在1919年发表的文章里，他们注意到了卷入战争的不同国家的人的血型分布的规律是不一样的，这也是有史以来对人类遗传多样性的首度直接调查。赫兹菲尔德夫妇甚至建立了一套至今仍被部分人接受的血型理论，这个理论认为纯粹的原住民血型非 A 即 B，原住民群体中只会包含单一血型。这些纯血种群体后来因为迁移而与其他群体相互混合，这导致了研究中发现的 A 型和 B 型的复杂组合情况。但是他们没法解释这两种血型是怎么出现的，只能设想 A 型血起源于北欧，而 B 型血作为南方的标志，更高频地出现在印度。这样看来现代人一定有两个独立的起源。

20 世纪 30 年代，在赫兹菲尔德夫妇研究的基础上，美国人布莱恩特（Bryant）和英国人穆兰特（Mourant）开始满世界测试血型。在后续的 30 年里，这两个人及其同事从数百个群体中选取数千人进行调查，其中既有活人，也包括死者。布莱恩特和他的妻子（就像赫兹菲尔德夫妇，又是一对群体遗传学研究夫妻）甚至测试了美洲人和埃及木乃伊，建立起了血型体系，将自古以来就存在的血型分成 A、B、O 三型。1954 年，穆兰特综合人类首次生化多样性综合调查积攒起来的增长迅猛的血型资料，撰写了《人类血型群落分布报告》（*The Distribution of the Human Blood Groups*），这个学术成果在随后的 20 年间成为人类群体遗传学实验的标准文本。这因此也成为人类遗传学研究当代新纪元的起点。

在赫兹菲尔德清楚地认识到他们足以支撑不同人种划分的血型学数据会受到后期人口迁移的严重干扰的同时，卡尔顿·库恩后来用它们来支撑自己有关各人种亚种之间彼此离散的论调，但没有人真正使用这些基因资料来测试人种亚种是否真的存在。这项工作是在 1972 年由一个遗传学家来完成的，最奇特的是，他的主要研究兴趣在于果蝇而非人类。

利用穆兰特和其他学者收集到的资料，时任芝加哥大学教授的理查德·莱文廷进行了一项看起来琐碎无比的研究，把人类基因变异分成族群内和族群间两种。客观地说，他试图回答的问题是遗传数据是否支持在人类不同种族间存在着确切的人类亚种。换言之，他在直接测试林奈和库恩关于人类亚种的假设。如果这些人类种族在他们的基因多样性模式上呈现出明显的差异，那么林奈和库恩的假设就是对的。

莱文廷将这种分析的由来表述如下：

> 该论文是应一本新杂志《进化生物学》（*Evolutionary Biology*）的邀请而写的——我当时一直在思考多样性的测量问题——不是在群体遗传学的框架下，而是在生态学的框架下。有一回我不得不坐长途汽车去印第安纳州的布卢明顿，而我长期养成的习惯是在火车或是长途汽车上写文章。我正好要写这篇论文，于是我带上穆兰特的论文复印件和一份 p*ln*p 表单（计算多样性分布的数学统计表格）就出发了。

在长途旅行中，他开始了这项后来成为人类遗传学研究里程碑的工作。莱文廷在分析中采用了新的生物地理学（关于动物和植物地理分布）的方式来建模，因为他觉得这个模型与即将开展的人类研究类似——寻找亚种的地理分布以定义种族。实际上，他不太确定如何客观地定义“种族”，就把人类大致按照地理分界线划分成高加索人（西欧亚大陆）、黑非洲人（撒哈拉以南）、蒙古人（东亚）、南亚原住民（南印度）、美洲印第安人（美洲）、大洋洲人和澳洲原住民七类。

他最后得出的研究结论中最让人吃惊的是，在族群内，我们能够找到将近 85% 的人类基因差异，另外 7% 的基因差异可以在同一“族群”下稍有不同的群体中找到，比如瑞典人与希腊人（同属高加索人）。只有 8% 的基因差异是在不同族群间找到的。这是一个相当令人震惊的结论，也是摒弃人类亚种划分的显而易见的证据。莱文廷给出的结论是：

> 实话实说，我没有预见到这点。如果我有任何先入之见的话，那大概是我曾以为族群间的差异会很大。数年前，在埃及卢克索旅游者还未泛滥成灾的时候，我和妻子在那里的经历强化了这个想法，当时她与一个家伙在酒店大堂讨论事情。那家伙就像认识她一样跟她聊天。我妻子不断说："抱歉，先生，您认错人了。"最后那家伙说："呃，不好意思，女士，你们（外国人）在我看来都长得差不多。"这件事确实对我的思考有很大的影响——他们确实和我们不同，而我们又都很相似。

但是，统计分析的结果就在那里，也得到过去 30 年来很多其他相关研究的确认。很小比例的遗传变异导致人类群体之间的巨大差别。这种比例是在族群内部更高，还是在族群之间更高？人们就此没完没了地争吵。但事实是，人类的一个小规模群体就能够保存我们所有已发现的将近 85% 的基因变异。莱文廷喜欢举例说，即便核战争爆发，哪怕只有肯尼亚的基库尤人（或者泰米尔人，或者巴厘人，等等）幸存下来，他们身上也会保存下这 85% 的业已发现的基因变异。事实上这是驳倒所谓"种族主义"科学理论的强有力的论据，这些理论也直接支持了达尔文在 19 世纪 30 年代就人类差异做出的论述。它确实是一个"合众为一"的很好的案例，正如本章标题所表达的那样。但这是不是意味着人类分群的研究没有意义？基因能否告诉我们更多关于人类多元性的信息？

驱动力

为使我们的讨论能够继续下去，我们需要涉及一些群体遗传学的基本内容。有关遗传如何作用于群体的理论相当复杂，需要借助计量学的很多相关学科分支。统计力学、概率论和生物地理学都有助于加深我们对群体遗传学的理解。这些学科的很多理论框架都建立在所有人都能理解的几个关键概念之上，这反映出我们在这里谈及的驱动力相对简单。

最最基本的驱动力是突变（mutation），没有它多态性就不可能存在。我所说的突变指的是 DNA 序列的随机变化，其频率为每代每基因组 30 次左右。换一种角度来看，这也意味着，每个活着的人都携带着大约 30 个全新的、完全与父母不同的细小突变。这些突变是随机产生的，源于细胞分裂过程中的复制错误，既无特殊规律，也无特殊原因，我们不知道这些错误会发生在哪里，我们的基因组并没有表现出因这些突变影响的后果而对某些类型的突变更偏爱。更有甚者，我们就像希斯·罗宾森[1]画笔下的工程师，在突变这场中彩游戏中被强迫使用那些复杂而不适用的玩意儿。兰德施泰纳所发现的血型的群体差异起源于突变，其他所有多态性也都如此。

第二种已知的驱动力为选择（selection），尤其是自然选择。这是当年让达尔文兴奋异常的力量，它当然也在智人进化的过程中发挥了至关重要的作用。通过强化某些特性取得相对于其他个体的优越性，选择能够赋予其携带者一种可复制的优势。比如，在寒冷气候条件下，长着厚皮毛的动物相较于没有皮毛的动物有优势，它们的后代更有可能

[1] 希斯·罗宾森（Heath Robinson，1872—1944），英国漫画家，因绘画用复杂结构达成简单目的的装置而广为人知。——编者注

存活。正是选择造就了今天有感知力、有教养的灵长目物种——人类。它也造就了诸如语言、双腿直立行走和对生拇指等重要特征。如果没有自然选择的作用，我们会更接近我们那相对来说头脑简单的原始人类祖先，就像我们退回到500万年前时遇到的那样。

已知的第三种驱动力为遗传漂变（genetic drift）。这是一个用来指代那些我们靠先天直觉感受到的东西的专业学术用语。小规模抽样样本能够反映样本总体的偏好趋势。就像是抛掷硬币1 000次，你也许会预期能够得到正反面各500次。但是，如果你只是抛10次的话，很有可能你得到的结果不是5∶5，也许是4∶6或7∶3。在抽样中出现这种随机波动是由于样本数量较少。如果我们把人类遗传看成样本化事件，并假设抽取的下一代样本是在现有基础上重新创造的（当然是对活着的有机体而言），这样你会发现小的群体规模仅仅数代就能导致基因频率的戏剧性变化。在抛硬币的例子中，我们得到的结果7∶3揭示了这样的可能性，即70%的机会得到正面，30%的机会得到反面。这就如同（仅能向一个方向运转的）棘轮一样，这一代的概率变化会对后继子代的概率产生影响。与抛硬币游戏相类似，仅仅在一代人之内，这种概率能够从50%发展到70%，这是一个相当快速的变化。由此，漂变能够对小规模群体样本的基因变动概率产生显而易见的巨大影响。

在这三种驱动力的共同作用下，产生了我们今天能够看到的让人眼花缭乱的遗传图谱，以及我们观察到的人类群体的丰富多样。这种作用也产生出一定程度的人类群体变异，正是根据这些变异，我们才有可能辨识不同的群体。到20世纪中叶的时候，人们对这个领域的认知又向前推进了一大步。但是，认识人类多样性的存在仅仅停留在生物化学的层面，知道基因对于群体规模的作用之道，并不能揭示出有关人类进化和人类迁移的更多细节。接下来出场的是一位意大利医生，他既有历史研究的嗜好又有数学家的天分。他开创出一个新的领域，而这一领域深受人们研究细菌和苍蝇的新方法的影响。

意大利人的进展

卢卡·卡瓦利–斯福尔扎最早作为意大利帕维亚的医学生开始他的职业生涯。但很快他就放弃了医学，全力以赴地转向遗传学研究，最开始是研究细菌，而后转向人类。在大学读书的时候，他师从著名的果蝇遗传学家布扎蒂–特拉维尔索（Buzzati-Traverso）。布扎蒂–特拉维尔索是多布赞斯基遗传学派（the Dobzhansky school of genetic）的忠诚信徒。狄奥多西斯·多布赞斯基（Theodosius Dobzhansky）曾经当过理查德·莱文廷的博士生导师。故事到此脉络开始清晰起来。多布赞斯基研究的最重要的主题是遗传变异，特别是果蝇的大规模染色体重组。他发展起来的遗传分析方法具有先锋的开创意义。20世纪中叶，他设在纽约的实验室因此成为生物学变革的震源所在。多布赞斯基和他的学生们倡导一种遗传变异的新观点，即理想状态的“野生型”（有机体的正常形态，经由长时间的自然选择过程产生出来的）和在某些方面存在缺陷的奇特的“突变型”之间实际上没有基因差异。在他们看来，此前的结论有些太过简单化了，主要原因是如果我们假定每一种突变都是次优基因包的体现的话，就有太多突变需要去解释。但是，如果我们把变异当成物种的正常状态的话，进化这件事情突然间就会更加说得通了。进化作用于一个此前不为人所知的类型库之上，在某些情况下，特定的变异类型会受到青睐，而在另一些情况下会被抹消。

于是，从一个看上去与果蝇变异和医学全然不相干的研究背景出发，卡瓦利–斯福尔扎开始研究血液的多态性，试图以此评估现代人类之间的关联，这后来被遗传学家称为“经典”多态性。这项工作启动于20世纪50年代。对于遗传学领域来说，这也是一个相当令人振奋的时代。克里克和沃森刚刚成功破译出DNA结构，自然科学方法论的广泛运用也促成了生物学的革新。和大多数的遗传学家一样，卡瓦利–斯福尔扎也利用突飞猛进的生物化学技术来分析变异。但是，与其他人不同的地方在于，他更青睐于数学手段，特别是数学中最实用的分支——统计学。多态性研究产生的这些让人眼花缭乱的数据，需要得到一个连贯的理论框架来进行整合，才容易被人理解。统计学恰好能满足这些需求。

试着想象那些体现着突变的事物——河床里五颜六色的石头，蜗牛壳的不同个头，果蝇翅膀的不同长度，还有人类的不同血型。乍一看这些变异似乎是随机且彼此没有关联的。如果我们收集更多组这样的东西时，它们看起来就更复杂了，甚至是混沌无序的。有关多样性的产生机制，人们的研究究竟能揭示出多少呢？

在20世纪50年代，绝大多数的生物学家对自然产生的任何多样性模式形成的直觉反应是，自然选择是最根本的诱因。人类多样性也不例外，正如优生学家们坚信的那样。在某种程度上，这种观点源自一个有关“野生型”和“突变型”的广为人知的信条。野生型体现了所有正常的特征，比如个头、肤色、鼻子形状，或者是有机体其他任何的“常规”特性。这种看法因为存在着遗传病这一事实而得到强化（这些病显然是不正常的），这些遗传缺陷是最早被辨识出来的人类变异之一。这就为一种基于达尔文物竞天择进化理论的世界观的出场提供了舞台。这种世界观把人分为适者的和非适者的两类。然而，在那个年代，木村资生（Motto Kimura），一个在美国工作的日本科学家，开始使用原本用来分析气体扩散的方法进行遗传学的统计研究，从而使卡瓦利-斯福尔扎和其他人的研究规范化。这项工作最终带领这个领域实现了“突变论”困境的突破。

木村注意到群体中遗传多态性的频率分布变化是因为随机取样误差引起的，即前面说过的“漂变”。其结论中最鼓舞人心的发现在于，漂变导致的基因频率变化似乎是可以预测的。通常研究自然选择的难点在于，产生进化改变的“速度”完全依赖于自然选择的“强度”——如果遗传变量完全匹配，那么它导致的变化频率就会增长得很快。但是，实际上我们不大可能用实验方法测量自然选择的强度，因此就没法预测变化概率。在我们刚才的抛硬币实验中，如果正反面各自代表基因的一种变量，那么在单独一代中频率从50%到70%的增长意味着存在正面更多的强选择。然而，很显然，情况并非如此，正面出现的频率增加到70%的原因和它本身有多适应自然环境无关。

木村深邃的洞见还包括，绝大多数的多态性表现为这样一种作用方式：它们实际上与自然选择无关，也就是说多态性可以被看成进化的“中性因素”，其漂变概率仅和抽样误差有关。在生物学家之间，对于多态性片段在多大比例上保持中性存在着巨大争议，木村和他的研究后继者们认为几乎所有的遗传变异都不受自然选择影响，而与此同时也有很多科学家坚持自然选择发挥着重要作用。然而，人类遗传学家所进行的绝大多数的多态性研究表明，多态性当前的频率变化取决于漂变。这开创了一种分析快速积累的血型多态性数据的新方法。接下来，在新内容展开之前，我们需要回到中世纪快速兜上一圈。

“奥卡姆剃刀”

奥卡姆的威廉（William of Ockham，约 1285—1349）是一位中世纪的学者，向来被身边人视作噩梦。奥卡姆坚信亚里士多德的观点，即“上帝和大自然绝不费劲，总是选择最简洁的方法”，他每次在与同事们辩论时总会不失时机地阐述自己对这一观点的理解。奥卡姆剃刀（Ockham’s razor）广为人知，用拉丁语表达起来极为俭省，即 pluralitas non est ponenda sine necessitate（避繁就简）。就其最基本形式而言，奥卡姆的宣言成为具有普遍性意义的哲学观点，也就是所谓的简约法。在真实世界里，如果每个事件的发生都有特定的概率，多个事件的发生就会有多重概率，总而言之，复杂事件的发生概率比简单事件低。这样，我们就有方法把这些林林总总的复杂事物拆解成可以理解的部分，自然偏好简单，而非荒谬。我确实可以从迈阿密出发绕道上海再飞抵纽约，但现实中的确不大可能会这样去做。

用这个策略来安排我的旅行日程似乎显得有些稀松平常，不足为道，但是在我们准备用它来探索尚未明朗的科学世界时，作用也不是很明显。我们怎么能够确认大自然始终选择最简约路径？特别是，“简化”（simplify）作为一个自然界的流行词可否不证自明？这本书不准备对简约法的历史展开讨论（在参考书目中有好几种参考文献对此话题有详细讨论），但是看上去大自然确实更喜欢简单而不是复杂。当事物发生变化时这一点尤其正确——就像一块石头从悬崖掉进下面的山谷。因为重力的作用，石头会以相当快的速度从高处直接落到低处，而不会中途转道中国去喝杯茶再回来。

因此，如果我们接受大自然的变化会倾向于选择从 A 点到 B 点的最短路径的话，我们就拥有了一个推演既往事物的理论。这实际上是一种飞跃，因为它意味着根据今日所见，我们大体上可以推知过去。事实上，这给我们提供了一台哲学上的时间机器，乘坐它我们可以返回过去并在已逝去的时代里肆意挖掘。这相当令人印象深刻！即使达尔文也是这种观点的早期支持者——赫胥黎在某些场合也曾斥责达尔文执着于他“大自然从不跃进”的信条。

卢卡·卡瓦利-斯福尔扎和安东尼·爱德华兹首度把简约法运用于人类的分群研究，他们的研究成果于1964年正式出版[1]。在研究中，他们给出了两个里程碑式的假设，这些假设被后来进行的人类遗传多样性研究普遍采纳。第一个假设认为遗传多态性正如木村所预期的那样是中性的，因此任何频率差异都是由遗传漂变引起的。第二个假设是群体之间的正确联系必然遵从奥卡姆法则，解释数据时，涉及的变化数量越少越好。在这些深刻认识的指导下，他们基于所谓的“最小进化”方法推导出了人类群体的第一棵家族树。事实上，这意味着所有的群体都可以通过同一张图表联系到一起，基因频率最相似的群体的关系最为接近，群体间的总体关联会把基因频率差异降到最低。

卡瓦利-斯福尔扎和爱德华兹考察了15个来自世界各地的人类群体的血型分布频率。他们使用了一台意大利奥利维蒂公司早年生产的计算机来处理这些劳神费力的计算工作。结果表明，在所考察的群体样本中，非洲人的分化时间最早，而欧洲人和亚洲人群体仍联系紧密。这是关于人类进化史的惊人的清晰发现。卡瓦利-斯福尔扎谦虚地表示，基于他们有关不同人类群体之间的相互关系的已有看法，比如欧洲人与欧洲人之间的关系相对来说比欧洲人与非洲人之间的关系更近，新几内亚人与澳大利亚人更近等，他们所进行的分析“多少有些意义”。

[1] 这里说的简约法仅仅是指进化的历史始终遵循着将复杂性最小化的原则的方法，它并不必然等同于很多群体遗传学家所使用的“最大简约”法。——作者注

这反映了基因频率的相似性，既然这些频率始终保持着规律变化（请记住遗传漂变），它意味着欧洲人彼此分离的开始时间晚于欧洲人与非洲人的分离时间。近 700 年后，奥卡姆法则被证明是有用的，人类学也向前迈出了一大步。[1]

使用这种新的人类群体分类方法，只要给出一些有关过去人类行为方式以及他们生活的群体规模的假设，我们甚至有可能算出这些群体分离的时间。这项工作最早由卡瓦利-斯福尔扎和他的同事沃尔特·博德默（Walter Bodmer）在 1971 年完成，据他们估计，4.1 万年前非洲人和东亚人分离，3.3 万年前非洲人和欧洲人分离，2.1 万年前欧洲人和东亚人分离。这种估计存在的问题在于没法确定他们做出的人口结构假设的合理性。更关键的是，这些研究没有能够给出有关人类起源的清晰答案。要想继续把研究向前推进，我们需要新类型的数据。

字母乱码

埃米尔·祖卡坎德尔（Emile Zuckerkandl）是一位在美国加州帕萨迪纳加州理工学院工作的德国犹太移民。他科研生涯的大部分时间执着于一个问题：蛋白质结构。20 世纪 50 年代到 60 年代，在与诺贝尔奖获得者、生物化学家莱纳斯·鲍林（Linus Pauling）一起工作的时候，祖卡坎德尔就在研究携带氧原子的血红蛋白的基本结构。之所以选择血红蛋白，是因为它数量巨大并且容易提纯。血红蛋白还有另外的一

[1] 卡瓦利-斯福尔扎和爱德华兹还提出了一套基于基因频率来分析群体之间的相关性的分析方法，这种方法对于进化变异发生的绝对简约法依赖不多。但无论如何，简约法仍然在该领域得到广泛应用。——作者注

个重要特性：它被发现广泛存在于每一种哺乳动物中。

蛋白质由氨基酸线性排列而成，小分子构成的肽链以特有的方式链接在一起组成特定的蛋白质。而蛋白质最让人惊异的特性是，尽管它们作用时常常会拧成巴洛克式的复杂形状，也经常会有一些其他的蛋白质以一种复杂的方式附着在它们上面，但活跃蛋白质最终的形状和功能始终为氨基酸简单的线性排列组合所决定。能够合成蛋白质的氨基酸有 20 多种，其中就包括有赖氨酸和色氨酸。它们被化学家们缩写成单个的字母代号——比如 K 和 Y。

祖卡坎德尔注意到这些氨基酸的排列呈现出有意思的模式。当他着手破解采自不同动物的血红蛋白时，他发现这些血红蛋白很相似。它们通常有着完全相同的排序，10 条，20 条，甚至是 30 条氨基酸排成一个系列。当然，这其中会有些细小差异。最让人目瞪口呆的是，这些动物的相关度越高，它们血红蛋白的结构也就越相似。人类和大猩猩就有着本质上完全相同的血红蛋白排序，仅仅在 2 个位置上有差别，相比较而言，人类和马在 15 个位置上有区别。对于祖卡坎德尔和鲍林来说，这些分子能够起到某种分子钟的作用，记录下自远古同一个祖先以来的全部时光，只要追溯氨基酸变化的数量就可以实现。在 1965 年出版的论文里面，他们实际上直接把分子当成“进化史的文献记录”。事实上，我们所有人都携带着由我们的基因写就的历史书。根据祖卡坎德尔和鲍林的说法，分子结构呈现出来的独特图式甚至能够让我们有幸瞥见我们遥远的祖先，只要通过奥卡姆剃刀来缩减要推算的氨基酸的变化数量，我们就可以一步步推回到那个可能存在的起始点。（如图 1 所示）这些分子事实上是我们的祖先在我们的基因组里埋藏下来的时光胶囊。我们下一步必须要做的事情，就是学着读懂这些时光胶囊。

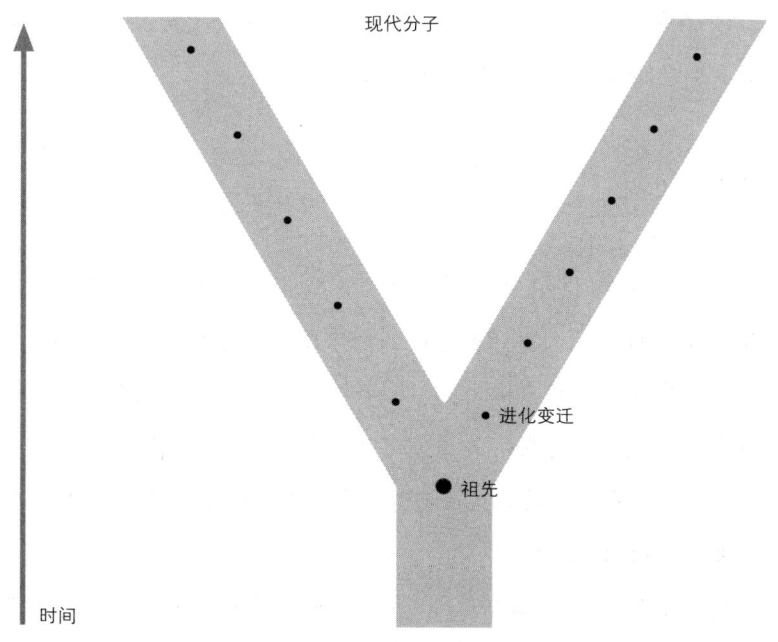

图 1　两个相近分子的进化谱系图，展现了每一谱系中累积的序列变化

当然，祖卡坎德尔和鲍林也意识到蛋白质并非遗传变异的根源。真正起作用的是 DNA，它事实上形成了我们的基因组。如果是 DNA 对蛋白质（DNA 指导合成的结果）进行编码，那么研究中最好用的分子就是 DNA 本身。问题在于 DNA 特别不容易提取，而且要得到一个完整序列需要很长时间。20 世纪 70 年代中期，沃尔特·吉尔伯特（Walter Gilbert）和弗雷德·桑格尔（Fred Sanger）各自独立发明出了快速获取 DNA 序列的方法。由于这个发明，他们俩还在 1977 年共享了诺贝尔奖。对 DNA 进行排序的能力开启了生物学变革的新纪元并持续到现在，还在 2000 年达到了高潮。在 2000 年里，人类基因组框架图完成。DNA 研究彻底革新了我们对生物学的看法，于是，它也毫不意外地对人类学研究产生了巨大影响。

拥挤的伊甸园

就这样，在 20 世纪 80 年代，我们发现自己有了很多新近发展的分子生物学工具，一种解释多态性如何作用于群体的理论，一种通过分子序列数据来估计日期的方法，以及一个亟待遗传学回答的尘封已久的问题——人类的起源。万事俱备，只欠东风，而今这个领域需要的只是幸运的洞察力和破旧立新的勇气。这两点刚好出现在 20 世纪 80 年代早期北加州旧金山湾区。

艾伦·威尔逊（Allan Wilson）是在加州大学伯克利分校工作的澳大利亚生物化学家，他利用分子生物学——生物学致力于 DNA 和蛋白质研究的新分支来进行进化分析。按照祖卡坎德尔和鲍林开创的研究路径，艾伦和他的学生们使用分子技术去推断人类与猿类分道扬镳的时间，与此同时，他们也试图就自然选择驱使蛋白质根据周遭环境的需要做出调整的具体而微的细节做一些解读。威尔逊是一个充满革新意识的思想者，他满腔激情地拥抱了分子生物学的新技术。

分子生物学家在研究 DNA 序列时遇到的问题之一，是这些信息本身所具有的可复制性。存在于我们每一个细胞内部的完整的 DNA 序列——通常被我们想当然地等同于基因组，对我们体内生成的所有蛋白质进行编码，这还不包括其他数量众多、功能尚不明确的 DNA，而且我们还拥有一份副本。DNA 被打包进一个被称为染色体的更为齐整的线性结构中，我们拥有 23 对这样的染色体。染色体存身于细胞的细胞核中。而我们基因组最主要的特征之一，就是它令人惊讶的区隔性，正如计算机中大文件夹套着小文件夹，小文件夹下面又有更小的文件夹一样。在人类的基因组里，有30亿个被称为核苷酸的基础构建单元。这些构建单元大体可分为A、C、G和T四类，我们需要一些方法，以一种直截了当的方式来理解它所承载的全部信息。这就是为什么我们会有染色体，为什么这些染色体会被特别存储起来，而不是与细胞核里的其他物质相混杂。

我们身体中的所有细胞都包含同一基因的两个副本的原因相当复杂，但是它最终着落到性的问题上。受精卵形成时最为重要的事就是父亲的部分基因组和母亲的部分基因组以50∶50的比例整合成为新生儿的基因组。从生物学的角度看来，性的功用之一，就是通过代际继承产生新的基因组。新的基因组的起点，并不单纯是父系基因组和母系基因组一半对一半的结合刹那，而是比这还早，即精子和卵细胞本身形成的时候。这种性成熟之前的混合通常被称为遗传重组。重组之所以成为可能，其原因在于染色体的线性本质——它相对来说更容易在每对染色体的中间部位断开，然后再各自附着到另一半上去，在这个过程中形成新的嵌合的染色体。一旦母亲和父亲的DNA发生混杂，这个过程就必然会发生，究其原因，在于每一代能够生产出更多的多样性，从进化的角度来看，这当然是件好事。一旦环境有所变化，人们需要随时做出反应。

但是，稍等，你也许会说，为什么这些断裂后重新附着的染色体会和先前存在的那个有区别呢？它们都被认为是复制品啊！个中原因，其实相当简单，因为它们并非彼此的精确复制版——在染色体线状构成的很多部位，它们并不全然相同。它们更像是复制品的复制品的复制品的复制品，被一个多少有些问题的复印机生产出来。在每一次染色体复制的过程中都会产生些小小的随机误差，这些误差就是上文提及的突变，每对染色体内部彼此间的不同之处就是我们说的多态性。染色体中每1 000个核苷酸中就存在着1个这样的多态性，它是染色体彼此之间相区别的重要依据。正因为如此，一旦重组发生，新的染色体就肯定会和父母双方的有所不同。

这种重组所带来的进化影响体现在，它打破了那些附着在同一DNA上的多态性的集合。这种多样性的生发机制从进化的角度来讲确实是件好事情，但是它也给那些想要读懂藏在人类基因组中的历史书的分子生物学家带来不小的麻烦。重组使得染色体上的每一种多态性都能够独立运作，不再彼此依赖。这种多态性的重组会跨越时空一而再再而三，没完没了，经过成百上千次的代际更替之后，那些曾经一度存在于染色体之上的共同祖先的多态性模式就彻底消失了。子代的染色体被彻底弄混了，原始的存在物无迹可寻。这对于进化研究来说是件坏事，因为，如果我们对于最初的东西知之甚少的话，我们就没法利用奥卡姆剃刀的研究方法来探索多态性的模式，也就更没法了解究竟存在着多少种变化可以用来甄别这些被搅乱了的染色体。所有我们对于分子钟的假设都基于通过突变产生新的多态性的速率。重组会让事实上并无突变的地方看起来像有突变一样，正因如此，我们容易高估从同一祖先分化的时间长度。

威尔逊和其他一些遗传学家在20世纪80年代早期持有一种观点，就是如果我们跳出基因组向外看，在细胞内部我们会发现无处不在的小型的线粒体结构，而通过它们我们有机会解决这个问题。有意思的是，线粒体也有自己的基因组，是细胞中除细胞核外，唯一携带基因组的细胞器。线粒体基因组实际上是进化的遗留物，源自亿万年之前的早期复杂细胞时代，线粒体应当是当初我们某个单细胞的祖先一口吞下的某种远古细菌的遗留物。在后来，线粒体基因组被证明在细胞体内产生能量的功能非常有用，至今仍在作为简化的细胞能量工厂发挥作用，尽管当初它只是被当作寄生物。幸运的是，线粒体基因组只在一个副本里存在（如同细菌基因组），这就意味着它没法重组。这好极了！由此产生这样的结果：与每 1 000 个左右的核苷酸仅拥有 1 种多态性相比而言，它差不多每 100 个就会有 1 种。要做进化的比较研究，我们希望尽可能多地占有多态性资料，因为每一种多态性都有助于提升我们区别不同个体的能力。我们可以这样设想：如果我们只审视其中一种多态性的话，这种多态性通常有 A 或 B 两种变量，我们只能把由变量 A 或 B 确定的每个个体分类到两个组中去。在另一方面，如果我们同时审视各有两个变量的十组多态性的话，我们会得到更好的解决方案，因为多个个体拥有同一种变量组合类型的可能性要低很多。换句话说，我们拥有的多态性越丰富，我们就越有机会在研究群体之中找到那些有价值的联系模式。既然多态性在线粒体 DNA 里的存在比在基因组其他部分中多出 10 倍不止，那么线粒体 DNA 就成为我们研究的不二选择。

丽贝卡·坎恩（Rebecca Cann）曾在博士生阶段在威尔逊的实验室里工作。她着手研究来自世界各地不同人种的线粒体 DNA 突变模式。一直以来，在人类胎盘（存储着丰富的线粒体 DNA）标本的采集上，伯克利大学的团队成果斐然，这些标本来自欧洲人、新几内亚人、美国本地人等不同的群体。他们的目标是评估整个人类的突变模式，并力图对人类起源问题给出一些解释。他们的研究所得意义非同寻常。

坎恩和她的同事们在 1987 年出版了他们有关人类线粒体多样性的初步研究成果。这是学界首次使用最大简约法来分析人类 DNA 多态性的相关数据，以推导出一个人类的共同祖先并估算其年代。在论文摘要中，他们清晰简洁地阐明了研究的主要发现：“所有的线粒体 DNA 来自一位妇女，据推测该妇女可能生活在距今约 20 万年的非洲。”这个发现成为一则爆炸性新闻，在通俗小报中人们将这名妇女称为线粒体夏娃，我们所有人的母亲。令人震惊的是，她虽然并非伊甸园里唯一的女性，但却是最幸运的那位。

坎恩和她的同事们所做的分析涉及探寻线粒体 DNA 序列如何彼此发生关联。在论文中，他们假设如果两个线粒体 DNA 序列在一个多态位点共享一个序列变异（比如，在一个不是 C 就是 T 的序列中定位为 C 的话），他们就会拥有一个共同的祖先。通过建立线粒体 DNA 序列网络——共 147 个——他们能够推断出提供样本的个体之间的关系。这是一个单调乏味的过程，需要花费大量的时间在计算机上进行数据分析。他们的研究结果显示，他们在非洲人那里发现了线粒体 DNA 序列最大的差异性，这意味着非洲人已经和其他人分道扬镳很久了。也就是说，非洲人才是这个星球上最古老的人类族群，这意味着我们人类其实起源于非洲。

坎恩、斯托金和威尔逊用来分析他们的线粒体 DNA 序列数据的最大简约法的特征之一，就是它不可避免地会将我们引向遥远过去某特定时间点上的某一个共同祖先。对于那些不参与重组的基因组的其他部分来说（当然，在当前的语境下我们更多是指线粒体），我们能够定义出一个唯一的远祖级别的线粒体，于它而言，现存的所有线粒体都是它的后代。这就像是池塘里一圈圈向外漾开的水波纹能够暗示出石头的落水点一样，毫无疑问肯定会在圆圈中心。这些不断进化的线粒体 DNA 序列，以及在由母亲向女儿一代代传递过程中不断累积起来的多态性，就像是漾开的水纹，而我们的共同祖先所处的位置，就是石头入水的位置。通过使用祖卡坎德尔和鲍林的分析方法，我们能够“看到”那位生活在成千上万年前的单一祖先，经过一代代的突变产生出

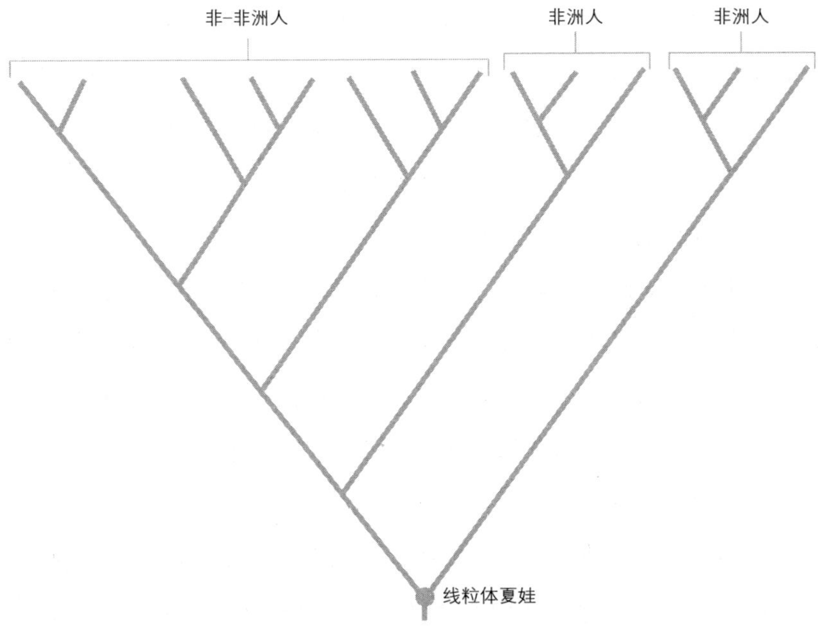

图 2 现代人起源于非洲的证据。线粒体 DNA 谱系图中最早的分化来自非洲人的序列，他们积累进化产生的变化的时间最长

今天世上所存的所有不同类型。更进一步说，如果我们知道这种突变发生的概率，并能够通过全球人类多态性样本的采集统计出究竟存在着多少种多态性，我们也就能够计算出，从石头落水到现在究竟过去了多少岁月，回溯到我们今天所有这些突变后代必然从她那里繁衍下来的那位祖先那里。

至关重要的是，尽管一个单一的祖先繁衍出所有今天形形色色的不同人种是事实，但这不意味着这位祖先是当时活着的唯一的一个人，只能说同一时期的其他人没有将血脉传至今天。想象一下 18 世纪的普罗旺斯小村庄住着 10 户人家，每一家都有着自己独特的法式海鲜汤的烹饪秘诀，但只通过母亲和女儿的口耳相传。如果这个家庭只有儿子的话，这个秘方就会失传。这样一代代下来，我们最开始拥有的那些烹饪秘方就会逐渐减少，因为有些家庭不够幸运，没有生出女儿。到如今留给我们的仅仅只有一种存世配方——法国名菜：普罗旺斯鱼汤（la bouillabaisse profonde）。为什么这种秘方会流传下来？仅仅是偶然而已，其他家庭就因为在过去的某个时间点上没有女儿，于是他们的秘方就随地中海刮来的干冷北风而逝。再看看今天的这个小村庄，我们多少会因为它缺乏烹饪的多样性而略感失望，他们所有人怎么能够都喝同一种口味的汤呢？

当然，现实生活中，没有人可以把一种烹饪配方原封不动地从一代传到下一代，不进行任何小小的调整以适应新一代人的口味。人们或许在这里加点大蒜辛香，在那里加点百里香，一份定制的母系遗产的变种就出来了。一代又一代，这些围绕相同主题不断变化的配方，在汤碗里生成各自的多样性。当然配方的消亡也仍在继续。如果我们再审视今天这个定制鱼汤的村庄，我们会看到令人吃惊的配方多样性，但是它们仍然都能够回溯到一个单一的共同祖先那里，这要感谢奥卡姆剃刀。这就是染色体夏娃的秘密之所在。

在后来的岁月里，坎恩和她的同事在 1987 年得出的研究结论得到更为详细的分析支撑，所有研究都指向两个重要的事实：人类线粒体的变异产生于 20 万年前，毫无疑问，这块打破湖面平静的石头扔在了非洲。于是，在非常短的时间内，至少一个进化周期里，人类自非洲扩散开来并在世界其他地区落地生根。尽管有人会对论文中的统计分析提出些技术层面的不同意见，但是近来有关线粒体 DNA 的越来越多的研究成果确认并发展了原始分析得出的结论。我们所有人都有一位曾曾曾……祖母，她生活在近 15 万年前。

达尔文在他 1871 年出版的讨论人类进化的《人类的由来》(全名《人类的由来与性选择》)里写道："世界各大区域至今犹存的哺乳动物和同一区域业已灭绝的物种有着非常密切的关系。正是因为如此，我们能够推断非洲曾经生活着一些业已灭绝的古猿，它们与大猩猩和黑猩猩同属一类；既然大猩猩和黑猩猩如今已然是人类近亲，这多少说明我们的先祖更有可能生活在非洲大陆而不是别的地方。"在某种程度上，这种说法有着令人难以置信的远见卓识，因为 19 世纪绝大多数的欧洲人更愿意将亚当和夏娃放在欧洲或者亚洲。换一种更烦琐的表达，猿类早在 230 万年前就起源于非洲，只要我们退回得足够远的话，我们就注定会在这片大陆上和我们的祖先相遇。关键是要有一个确定的日期，这也是遗传学研究结论具有革命性意义的原因所在。

以卡尔顿·库恩为代表的人类学家曾经主张人类的不同种族是由世界不同地区的原始人类祖先经由各自独立的物种形成事件进化而来的。这种假说被称为多源论，即使在今天的人类学圈子里仍有学者坚持这种说法。其基本观点认为古代的原人，或说类人动物，在过去两三百万年的时间里逐渐走出非洲，最早在东亚一带站稳了脚跟，然后就地进化为现代人类——在这个过程中产生出库恩分类的不同种族。要想理解这种理论为什么会如此深得人心，我们需要暂时把 DNA 放在一边，翻找几块古老的骨头。

酒后之勇

林奈把我们这个物种命名为 *Homo sapiens*，即"智人"，其原因是我们拥有独一无二的全面发展的智能。但是，19 世纪以来，人们发现了历史上还存在过其他类人动物。比如，1856 年人们在尼安德特河谷（Neander Valley）发现了一种头盖骨。在达尔文之前的欧洲，这些骨头会顺理成章地被当作现代畸形个体的遗存。但是后来人们发现它其实是一种广泛存在并有鲜明特征的古代原始人类，于是根据发现地将之命名为尼安德特人（Neanderthal Man）。这是科学史上第一次确认古人类物种，它作为一个坚实的证据表明了原始人类的世系很长时间内处于不断进化中。从那时开始直至 19 世纪末，人们都在争先恐后地寻找人类和猿类之间的一些"缺失环节"。1890 年，一名在爪哇为荷兰东印度公司工作的医生中了大奖。

欧仁·迪布瓦（Eugène Dubois）着迷于人类进化论，他在远东的医官生涯事实上完全出自精心安排，好让自己得以接近人类的摇篮期。迪布瓦 1858 年出生在荷兰的艾斯登，他在医学院攻读解剖学专业。在 1881 年，他谋得阿姆斯特丹大学的一个助教职位，然后发现学术界约束甚多且等级森严。于是，6 年后他打包好全部身家财产并说服妻子一起启程去寻找原始人类遗存。

迪布瓦坚信最接近人类的是仅在印度尼西亚群岛有发现的长臂猿，因为它们的头盖骨结构可以说独一无二，顶部缺少一块巨大的骨突起，脸部也比其他已知猿类扁平，还有就是偶尔它们也会用后腿直立行走，他认为这两个证据足以作为到东南亚去寻找缺失环节的理由。他在苏门答腊的首次开挖只发现了现代人类、红毛猩猩和长臂猿的年代较晚的遗存，但是当他把注意力转移到爪哇时，他的好运来了。

1890 年，当迪布瓦正在筛选从中爪哇的特里尼尔一处河床找到的化石时，他发现了一个相当独特的头盖骨。在他看来，这像是一种已经消失的被称为人猿的黑猩猩的遗存，但是因为现场没有一个好的解剖学藏品可资对比（毕竟他是殖民地当局的派出官员），所以难以确认。

然而，第二年，从同一地点发掘出的一块股骨提供了全新的线索。很显然，股骨不是来自一种爬树的黑猩猩，而更像是来自一种直立行走的物种。他计算新发现的头盖骨容量（大脑尺寸），并与直立物种的相关数据进行比较，这促使他做出了一个大胆的思想跳跃。他把新的物种命名为直立猿人（*Pithecanthropus erectus*）。这就是大家都在找寻的缺失环节。

后来10年间的公开争论和措辞谨慎的出版物对迪布瓦的发现提出的主要质疑是，他的发现证据少之又少，只有头盖骨和股骨，以及稍后发现的一颗牙齿，而且都来自同一个体。这些证据出土于不同的时间，它们各自所在的不同土层之间的关系也不明确。稍后关于直立猿人的发现揭示出特里尼尔的股骨并不寻常，似乎更有可能属于一个更现代的人类。牙齿很可能是猩猩的。尽管如此，即便迪布瓦认为这些东西证明了人类起源于东南亚的类似长臂猿的古代物种这一判断有误，特里尼尔头盖骨的发现仍然成为人类学史上的一个分水岭。很显然，爪哇猿人是消失很久的古人类，尽管它的脑容量显著低于现代人，但仍然比已知猿人的高出很多。虽然迪布瓦在很多方面犯了错，但他找对了方向。

直至20世纪初，寻找其他原始人类的竞争依旧激烈，大部分这类搜寻活动集中在了东亚和非洲。20世纪20年代和30年代在中国周口店发现的直立人属化石表明迪布瓦的原始人类广泛分布于亚洲。20世纪50年代，中国猿人（*Sinanthropus*，即北京人）和直立猿人（*Pithecanthropus*，即爪哇人）相关证据的结合第一次提供了清晰证据，表明存在着一种一度分布广泛而今业已消失的原始人类：直立人（*Homo erectus*）。但最激动人心的发现来自雷蒙德·达特（Raymond Dart）20世纪20年代在非洲开始的工作。

达特在 1922 年被任命为南非威特沃特斯兰德大学（University of the Witwatersrand）的解剖学教授。这对于这个在学术上颇具雄心壮志的澳大利亚人来说多少意味着打击（此前他在英国工作），因为那时这所大学有些死气沉沉。达特为这所新成立的大学筹建解剖学系的工作包括收集一系列解剖标本。他要求他的学生们给他提供材料，其中一个学生拿来了从约翰内斯堡附近汤恩（也译“塔翁”）的一个采石场发现的一个狒狒的头盖骨化石。这个时候达特感到他发现了有意思的东西。

在这个时间点上，绝大多数人类化石遗存来自欧洲和亚洲：尼安德特人、北京人和爪哇人基本都在非洲之外出土。但无论如何，1921 年一个类似于尼安德特人的头盖骨在北罗得西亚（现在的赞比亚）出土了，这证明非洲也存在着原始人类谱系。当达特和汤恩采石场的主人联系，要求获取更多的资料样本时，他已经肯定非洲也存在着原始人类谱系。1924 年夏天，首批板条箱抵达时达特兴奋异常，最古老的人类化石已经被发现了。

就在达特不辞辛劳地在这些出自汤恩洞穴、有漫长历史的压缩垃圾间寻宝时，他发现了一张盯着他看的原始人类的脸。较小的尺寸和完好的乳牙表明这是个小孩的头盖骨，达特估计的脑容量显示出它正好处在现代猿类的正常区间，大约 500 立方厘米。这一发现的特别之处在于化石的犬齿比猿类小很多，还有连接脊柱和大脑的枕骨大孔的位置：在化石中是像现代人一样朝下，而不是像猿类一样朝后。对于达特来说，这两组特征表明汤恩小孩已不再是普通的原始人类了。在 1925 年发表的一篇文章中，他声称该头盖骨代表一个新的物种，他把它称为南方古猿（*Australopithecus africanus*），它们直立行走并会使用工具。用达特的话来说，南方古猿是“人类学历史上最重要的发现之一”。它是非洲猿类向人类进化的缺失环节的首个清晰证据。由此掀起的人类起源研究热潮在随后的几十年间达到顶点，标志是非洲作为人类起源地的观点得到广泛接受。然而，这其中大部分相关工作是在几千英里（1 英里约等于 1.6 千米）之外的东非集中完成的。

非洲大裂谷是地壳板块在剧烈地质运动后形成的巨大断裂带。大裂谷北起厄立特里亚，南至莫桑比克，约 2 000 英里长，沿途有一系列清晰可辨的湖泊——图尔卡纳湖、维多利亚湖、坦噶尼喀湖和马拉维湖等等。过去 2 000 多万年来，这个纵向的大裂缝像地质活动的大锅，伴着火山、大湖、山脉、河流生机勃勃地在其中来来去去。也正是这个原因，千百万年来累积的地层——土壤、火山灰、湖底沉积物等经常被翻来覆去地折腾甚至露出地表。所以一旦我们把目光转向东非，就经常会出现有意思的事——你需要做的只是找到它们。

路易斯·利基（Louis Leakey）在肯尼亚长大。作为英国传教士的儿子，他在一个基库尤人（Kikuyu）的村子里被抚养成人，把毕生的精力用在在大峡谷地带的山谷和河床上寻找化石类遗留物上。1959 年，在北坦桑尼亚的奥杜瓦伊（Olduvai），他的研究获得了回报。当时已经是野外作业季的尾声，研究经费即将耗罄，路易斯和他的妻子玛丽准备返回内罗毕。一天晚上在返回营地时，玛丽被一块因最近一次岩石滑坡而露出地表的头盖骨绊了一跤。在接下来三周的辛苦发掘工作之后，利基夫妇返回了他们在肯尼亚国家博物馆的实验室。更进一步的分析表明这块头盖骨属于南方古猿，这也是人们首次在东非发现南方古猿的痕迹。但是当用新发明的放射性同位素衰变法测定与头盖骨同处一层的沉积物的年代时，令人震惊的事情出现了。头盖骨埋藏于 175 万年前的地层，而 175 万年是大多数科学家承认的人类进化时间的 2 倍。科学界在吃惊的同时也很受激励。因为奥杜瓦伊头盖骨的发现，利基夫妇和他们的同事收到了大量的资助，这使得他们能在随后的 30 年里在东非大峡谷发现更多的南方古猿。

在东非发现的南方古猿指出了通往现代人类的进化路径，但只有在 20 世纪 60 年代和 70 年代，与我们明确同属的智人的遗存证据在非洲广为发现后，人类非洲起源说才为人们普遍接受。至今发现的最早的直立人化石测定年代在 180 万年前，出土于东非（直立人的非洲分支有时被称为匠人）。近年在格鲁吉亚的中世纪城市德马尼西的新发现表明直立人在离开非洲后很快就去了亚洲，也许这一过程只用了 10 万年。从这一点我们可以推断出所有的直立人都拥有 200 万年前的非洲的共同祖先。但是根据加州大学伯克利分校的线粒体数据，夏娃生活在不超过 20 万年前的非洲。我们如何调和这两个结果？

一切只关乎时间

让我们往后退一步，客观地考虑一下。直立人非洲起源的证据细节充分却难以证实。我们确实在非洲看到了独一无二或说是最早的进化的“缺失环节”，它们包括古代原始人类演变的全部完整链条，往前可延伸至生活在500万年前最近才被发现的像黑猩猩的地猿（*Ardipithecus*）。但这是否足以得出结论说非洲也是我们人类的起源地？也许是这样，但是化石有可能会误导我们。试想一下，我们在法国西南部发现的保存完好的尼安德特人骨架，年代可精确到 4 万年前；同时在非洲发现的南方古猿，年代在 200 万年前。这两种业已消失的原始人类，时间相差上百万年，远隔数千英里，哪一种更可能是现代欧洲人的直接祖先呢？非常奇怪，但人们想当然的结论并不是真相。我们在后面会看到，现代欧洲人几乎不可能是尼安德特人的后裔，然而令人吃惊的是南方古猿更可能是我们的直接祖先。石头和骨头告诉我们很多过去的知识，但是它们不能告诉我们的遗传谱系，只有基因可以做到。

如果我们在回答问题时只考虑时间这一种要素，那么只需要在200万年前和20万年前之间找到结合点，直立人就成了答案，可事实是，尽管它们和我们非常相似，但是它们没有能够在地球的遥远角落里自主进化为现代智人。库恩的说法是错误的。不仅如此，从线粒体数据推导而来的结论表明，现代人是在晚近时期才在非洲进化成功的，随后扩散繁衍到地球的其他地区，在这个过程中取代了我们的智人表兄弟。这是一场无情的竞争，只有胜利者才能留下基因线索。不幸的是，直立人显然是一败涂地。

正如我们将要看到的那样，其他遗传学信息与线粒体研究结论相互印证，把人类家族树的根部，即我们最近的共同祖先，定位在了数十万年前的非洲。与这个结论相一致的是，所有的遗传学资料都表明非洲拥有数量庞大的多态性，比任何其他大陆多得多。要是进行最多元的遗传谱系抽样的话，你找遍全世界任何其他地方，也不一定能比在非洲一个村落里找到的多。绝大多数业已发现的人类遗传多态性只在非洲存在，欧洲人、亚洲人和北美原住民只携带为数不多的特殊差异，而这些差异随便在非洲任何一个村落都可以找到。

为什么多样性暗示着更为久远的时代？让我们回溯到假想中的普罗旺斯村庄，为什么法式海鲜汤的配方会变？这是因为每一代做饭的女性都会稍微调整一下她的汤。这些小的变化日积月累加在一起，就会让村里的厨房出现惊人的多样性。更为关键的是，变化累积的时间越长，多样性就越丰富。这就像一个钟表，在迷迭香和百里香的单元之间滴答作响，表针转动的时间越长，我们能发现的差异就越多。这和埃米尔·祖卡坎德尔在他的蛋白质研究中的发现一样，更长的时间等于更多的变化。因此，当我们看到一个特定群体拥有着为数众多的遗传多样性时，我们就可以推论这个群体是比较古老的——正是这点证明了非洲最为古老。

但是，非洲居于人类家族树根部的地位是不是意味着库恩是对的，非洲人确实停滞在了某种古老进化的中间状态？当然不是，这株家族树所有的分叉都在以同样的频率发生变化，无论是在非洲大陆的内部还是外部，因此每个大陆都有衍生开来的谱系。这也是我们在非洲发现多样性更为丰富的原因所在，因为每一支都在持续进化，由此累积更多的变化。对我们唯一共同祖先进行推演带来的有趣衍生物之一，就是每一代后裔的谱系都在以同等速率持续发生变化，因而所有这些谱系的年代都是相同的。对于线粒体 DNA 的变化时间而言，我与夏娃之间的时间差和一个非洲牧牛人与她之间的时间差是一致的，这同样适用于一个泰国船夫或巴西雅诺马马猎人，我们所有人都是同一个人类母亲的当代后裔，这位母亲生活在大约 15 万年前的非洲。

这个结论避开了夏娃究竟生活在哪里这一问题，伊甸园究竟在非洲的哪个地方？就某种意义而言这像是在胡扯，因为我们知道当时非洲还生活着很多其他女性。但是，我们稍微换种不同的措辞，对这个问题另做表述，我们可以问问究竟非洲哪个群体留有我们遗传祖先最清晰的痕迹。尽管对非洲遗传多样性的调查还没有彻底完成，但已隐隐现出了曙光，人们在东非和南非已经找到了最古老的基因组图谱。我们据此可以推测出，这些人群保存了可以直接回溯到夏娃的线粒体链条，而我们其他人随着时间的推移已经丧失了某些遗传特征。下一章我们将继续寻找伊甸园，以亚当为线索。

第三章

夏娃的配偶

女人不需要男人，就像鱼不需要自行车。

——格洛丽亚·斯坦恩（Gloria Steinem）

在上一章里，我们遇到了“夏娃”—— 一位当今所有人的女性祖先，她生活在将近 15 万年前的非洲。我们根据留存有我们那位遥远祖母最清晰基因信息的人群开始寻找伊甸园的位置。在我们开始寻找之前，我们有必要厘清夏娃特有的血统。她代表了线粒体家族的根，于是她以一段人类共同的母系历史把世界各地的每一个人联结在一起。然而，这并不意味着我们 DNA 的每一个部分都讲着同样的故事。因为生殖重组，我们的基因组是由大量的区块组成的，每个区块都是独立进化的。也许一个 DNA 区块可以溯源到印度尼西亚，而另一个 DNA 区块是从墨西哥起源的。那么，在追踪最近的一次走出非洲之旅时，夏娃的血统是独一无二的吗？

答案是我们基因组里的其余部分也如同 mtDNA 一样，呈现出基本相同的模式，尽管它的分辨度相对较低。对 β–珠蛋白基因（血液携氧成分）、CD4 基因（一种有助于调节免疫系统的蛋白质）和 2i 染色体上的 DNA 区的多种形式的研究都表明，非洲人群所拥有的多样性比生活在非洲以外地区的人群要多得多，并且结论给出的年代远小于我们非洲共同祖先 200 万年的年龄。但问题是，我们使用的这些标记来自我们基因组中占大多数的 22 对染色体，随着时间的推移，这些信息往往会变得混乱。基因多态性分隔越远，就越容易变得很乱。这种混乱会模糊历史信息，这意味着我们的绝大多数基因组对于追踪迁移并不是非常有用。

然而，有一段 DNA 最近被证明是揭示人类历史细节的一个宝贵工具。它成为远比我们想象的更为强大的手段，能够勾画出我们的祖先的漫游路径。这就是和 mtDNA 相当的男性特有的遗传信号，它只从父亲传给儿子。正是出于这个原因，就像我们通过研究 mtDNA 能够得到女性的传承谱系一样，它也能够定义一个独特的男性血统。就像普罗旺斯村传承的烹饪秘方，血统湮灭和混合变化的所有细节都会在汤谱配方里保存下来，这也同样适用于这段 DNA。这就是 Y 染色体。

等等，你可能会问：这里说的母系血统和父系血统到底是怎么一回事？我一直以为繁衍后代就是将父母的基因组按 50∶50 的比例混合后制造孩子，为什么会有打破上述这些常规的怪事？对于线粒体 DNA 来说，答案很是简单明了：它实际上不包括在我们所认为的人类基因组的范围之内，反而更像是生活在最早细胞里的一种寄生细菌，一种残存至今的进化遗留物。对于 Y 染色体来说，故事要复杂得多。

有性生殖的一个诡异特征是，决定我们性别的染色体，所谓的性染色体，并不遵循 50∶50 的混合法则。我们的基因组是双重布局的，每个染色体有两个副本，可是，当我们真正研究这些染色体的时候，就不是我们想象的那回事了。这是因为，在大多数动物中，性别是通过一个不匹配的性染色体来决定的。对哺乳动物来说，是雄性不匹配，有一个 X 染色体和一个 Y 染色体的哺乳动物是雄性。在雌性中，X 染色体和其他染色体一样，以两个拷贝的形式存在，从而允许正常的重组。然而，在雄性中，Y 染色体只与 X 染色体在两端的短区域内匹配，从而在细胞分裂过程中对性染色体进行适当的排列。Y 染色体的其他部分，被称为 Y 染色体的非重组部分，与 X 染色体几乎毫无关联。因此，它既没有配对的染色体可以重组，也不参与重组。因此它可以不被干扰地一代代传递下去，就像线粒体基因组一样。

Y 染色体为群体遗传学家提供了研究人类多样性最有用的工具。原因之一是，mtDNA 是一个长约 1.6 万个核苷酸单位的分子，而 Y 非常巨大，大约有 5 000 万个核苷酸那么大，有很多很多位点，这些位点可能在过去发生过突变。正如我们在上一章中讲到的，多态性位点越多，给我们提供的处理方法就越好。如果我们只处理兰德施泰纳的血型的话，我们就只能按 A、B、AB 和 O 四类来对每个人进行分类。换种方式表达,Y 染色体能提供的多态性景观会非常大。而最为关键的是，由于缺乏重组，我们就可以像推断 mtDNA 一样推断出 Y 染色体的突变发生顺序。如果没有这个特性，我们就不能使用祖卡坎德尔和鲍林的方法来定义血统，那样的话在寻找祖先这个问题上即便“奥卡姆剃刀”也无能为力。

Y 染色体如何能在不参与重组的情况下生存下来？这与我们需要生产更多的多样性以备不时之需的理念相矛盾吗？简单来说，不参与重组肯定会产生负面的进化后果，这也是 Y 染色体上功能性基因数量偏低的原因之一。那些活跃基因在基因组各部分之间的分布呈现出巨大的数量差异。比如在线粒体中，有 37 个基因，而核基因组中的基因总数约为 3 万个，平均每条染色体约 1 500 个。原本存在于线粒体的细菌祖先的成千上万的基因在过去亿万年的时间里消失殆尽，而线粒体本身也变得更具有寄生性，为能在另一个细胞中安逸生活而放弃了自主权。其中有一些线粒体事实上已经插入细胞核 DNA 中，这种不寻常的情形意味着，我们基因组中有一小部分就起源来说就是细菌。就线粒体 DNA 的具体情形而言，它看上去似乎对失去自己的基因这件事很有压力，因此把关键基因转移到细胞核中，在那里进行的重组可以让它们做好充分准备来应对进化竞赛。

在 Y 染色体上我们也能发现同样的基因遗失模式。虽然人类每条染色体上平均会有大约 1 500 个活跃基因，但只有 21 个在 Y 染色体上被识别出来。其中一些基因是以多重串联重复形式存在的，就好像复印机断断续续地在过去的某些点上复制该基因一样。这些重复出现的多重串联在我们的统计中被算作单个基因。有意思的是，Y 染色体上所有的 21 个基因都在某种程度上参与了创造“男性”。尤其是被称作“*SRY*”的基因，它的全称是 Sex-determining Region of the Y（Y 的性别决定区域），它是未分化胚胎生成雄性的主开关。其他次一级的功能涉及使男人不仅看起来，而且在行为举止上也更像男人。然而，在大多数情况下，构成 Y 染色体的 DNA 不具备任何可识别的功能。这就是所谓的“垃圾 DNA”，这意味着它从一代传到下一代，而没有被赋予任何实际效用。但是，尽管它有可能是生物垃圾，但对群体遗传学家来说却像不可多得的金砂。

正如我们看到的那样，我们只能通过观察差异来研究人类的多样性，群体遗传学的语言就写在我们每个人携带着的与生俱来的多态性中。这些差异将我们所有人划定为独特的个体，除非我们有双胞胎兄弟（姐妹），否则世界上没有其他人能够和我们一样有相同的遗传多态性模式。这是 DNA“指纹”背后的洞察力，常常被用来识别罪犯。应用到 Y 染色体上，我们可以向历史深处追溯一个独一无二的男性血统，从儿子到父亲，再到祖父，如此这般回溯下去。往极端了说，它让我们可以从今天活着的任何一个男人的 DNA 回溯到我们的第一个男性祖先——亚当。但是，在区域模式中，不相关的男性是如何被彼此关联起来的呢？每个男人都确定能够把他自己独有的 Y 染色体链追溯到亚当那里吗？

答案是否定的，但是原因稍微有点复杂。这是因为我们不像自己以为的那样彼此全然不相干。我们基因组的绝大部分情形并不完全为我们的母亲或父亲所独有。既然我们从父母那里各自继承了一半的 DNA，那么它所包含的多态性模式就可以用来推断父子关系，毕竟是它将我们与母亲和父亲联系在一起。假如在法庭上我的 DNA 被证明与一个我从来没有见过的孩子有 50% 的匹配，有可能我就要给这个孩子支付他未来很多年的抚养费，因巧合而出现这种匹配度的概率是微乎其微的。于是这些多态性将我们和我们的父母划定为我们那个独特的宗谱分支的一部分。地球上其他任何人群的 DNA 中都不会有这样完全相同的故事。

如果我们再往大一点扩展，去琢磨我们的祖父母以及他们的祖父母等，我们其实在每一代都会丢失一些信号。我和我的父亲有 50% 的匹配，但只有 25% 与我的祖父匹配，与我祖父的祖父只有 6% 的匹配。这是因为，当我们逆着时间往前推，我们每一代都会有新加入的祖先，累积的速度相当之快。我们每个人的父母都各有两个父母，后者又分别有两个父母，依此类推下去。耶鲁大学的遗传学家肯尼思·基德（Kenneth Kidd）指出，如果我们每一代人（约 25 年）的祖先数量增加一倍的话，当我们回溯到大约 500 年前时，我们每个人肯定都有超过

100万个祖先。如果回溯到诺曼人入侵英国的时候，也就是1 000年前左右，我们可以计算出肯定有超过1万亿（1 000 000 000 000）个祖先，远远超过了整个人类历史中曾经存在过的人口总数。这是怎么回事？是我们的计算方法有问题吗？

答案是既对又错。算法本身是正确的。至少从古希腊时代开始，人类就已经知道了指数增长的规律。我们都熟知“兔子繁殖”这一真实现象。因此，计数统计中出现的错误不是出自计算器故障，而是源于一种假设，即我们血缘谱系中的每个人都与其他人毫无关系。很显然，人们的祖先很多情况下会有交叉重合，否则我们就无法让这些数字发挥作用。每一代的人数都是乘以一个小于2的数字的结果，事实上，对于大多数人来说，这个数字更接近于1。理由可以通过进行一些带诗意的观鸟活动找到。

水，到处都是水……

浪漫主义诗人塞缪尔·泰勒·柯勒律治是一位不得志的古典主义者兼瘾君子，他在1797—1798年栖身在一个叫多塞特（Dorset）的小村庄里。在与他的邻居威廉·华兹华斯进行精力充沛的山间漫步和长时间讨论的间隙，柯勒律治投入了大量的时间进行文学创作，并创作出2部重要诗篇《忽必烈汗》（*Kubla Khan*）和《老水手之歌》（*The Rime of the Ancient Mariner*）。前一篇《忽必烈汗》是他在吸食鸦片带来的幻梦般的无意识状态下创作的，他幻想出的“富丽堂皇的穹顶”是文学想象的卓越实践。后一篇《老水手之歌》则是在一个更清醒的阶段写成的，叙述了南太平洋上一船水手经受的痛苦。在诗中，一个水手杀死了一只信天翁，无情地违反了诸多不成文的海上法则中的一条，最终整条船的人遭到报应：因为无风不能前行而被烈日暴晒，陷入“水，到处都是水，却无水可喝”的窘迫境地。这名水手挺过了这场磨难，但船员们却没有那么幸运，成为死亡之船的牺牲品。于是，这位水手的后半生注定只能成为一个离经叛道的人，四处流浪，一生赎罪。

《老水手之歌》中最让人挥之不去的意象是信天翁，它是好运的象征。但为什么大家会认为这种鸟能带来好运呢？这基本上是一种曲解。水手们通常在海上一待就是好几个星期，看不到陆地，盼望着早一点到达港口。一般而言，海面上出现的飞鸟是即将登陆的最早迹象，仿佛挪亚看到鸽子和橄榄枝，因为它们表明附近肯定有干燥的陆地，在不久的将来就可以抵达。信天翁是地球上最容易被观察到的鸟类之一（有些翼展超过 3.5 米），这是一个重大的预兆。唯一的问题是信天翁在鸟类中独树一帜，一生中的绝大多数时间是在海上飞行。有些鸟实际上会在海上晃荡两年多的时间，它们可以在滑行时睡觉，然后毫不费力地飞越数千千米的广阔海洋。所以当水手们以为他们看到的是“挪亚的鸽子”时，实际上他们是被一只闲逛的巨禽骗了。

信天翁一生中的大部分时间都在全世界的海洋上飞来飞去，但是它却是陆生物种。即使是像信天翁这样适应能力极强的物种，它仍然需要回到陆地繁衍。信天翁用它独到的解决问题的方式，给我们讲述了一段有意思的自然历史。尽管信天翁在它 50 多年的寿命里一直过着海上漂泊的生活，但它总是会回到同一座岛屿上交配。它遵奉终身伴侣制，它的伴侣也会回到同一座岛上，在那里轮流协作共同抚养它们的单胎幼鸟。几个月后，小信天翁准备走向世界了，它们再互道再见，约好来年集结的时间地点，然后一同奔赴大海。

总是回到同一座岛屿的进化结果，尽管促进了各岛屿物种的形成——因为随着时间的推移，每座岛屿都会进化出自己独有的物种，但也会倾向于使在任一特定岛屿繁殖的鸟类同质化发展。当小信天翁成年后第一次在它们出生的岛屿上聚会时，雄信天翁们会举办一场旨在为雌信天翁留下深刻印象的仪式性求爱舞会，雌信天翁在选择配偶时并不在意雄性来自岛上的哪一部分。只要你是一只信天翁，而且踩着正确的时间点来到岛上（在自然选择面前，“晚点”意味着“没戏”），都会有机会交上好运。

对于信天翁这样的物种来说，我们用来描述其繁殖情况的进化术语叫随机交配，这意味着每个个体都有可能与同物种中的任何其他个体交配。虽然信天翁在其一生中有可能飞越世界上绝大多数的海洋，但除了自己的家乡，它从不在任何地方扎根。人类就不是这样的。当我们迁徙时，我们会与新社区的人婚配。如果用图标绘制出已婚夫妇出生地之间的距离，我们就会发现，最近100年左右的时间里，这种距离还是很小的。我和我的妻子出生地相距之远，远超出你的想象，（美国）佐治亚州的亚特兰大市和（中国）香港地区，这在几代人之前几乎闻所未闻。要依从前的话，她应该会和一个生活在（香港）九龙区或（香港）半山区的人终老一生，而我可能会和一个（美国）南方美女在一起。

这种本土化婚配习惯的结果就是，随着时间的推移，生活在同一地区的人会变得更加相似，从而增大了地区间的差异。如果你遇到了你的第三代的堂表兄妹，你会认出他或她是你的亲戚吗？如果你不认识他或她，然后你碰巧和他（她）在一起生了个孩子，那意味着什么呢？从基因上来说，这意味着你的儿子或者女儿缺少两个不相关的父母，因为你和你的配偶分享着你的部分基因组。这表明我们祖先计算中的乘数将小于 2，也就给出了刚才那道数学难题的答案。因为历史上人们倾向于从那些临近地区居住的人中选择配偶，他们不可避免地会与是自己亲戚的人在一起，尽管这种亲戚关系会比较远。这样就会导致居住在同一地区的人彼此之间更为相似。

当然，在一些地区，亲缘关系的程度相当高，近亲婚姻相当普遍，我们都有自己熟悉的关于“近亲繁殖”的传说逸事。但是，即使亲缘关系程度不高，随着时间的推移，所有传统社会中发生的轻微近亲繁殖都会在该地区的多态性频率上生成一种独特的模式。所以，当你根据多态性被定义为你父母的孩子时，同样，来自世界上任何一个特定地区的人也携带着具有他们的地理起源的遗传信号。群体遗传学家研究的正是这些信号。这些遗传信号不仅仅是我们所有人共同拥有的亚当和夏娃祖先的物种统一体，还有额外的那些“地区性统一体”碎片，它们共同拼合成了整个现代人类。正如我们从莱文廷的分析中看到的，这些遗传信号相当微弱，但它们的的确确存在着。关键就是要找出那些把我们聚合成区域性群体的多态性，要想做到这一点，我们就需要在实验室里花更多的时间。

却无水可喝

祖卡坎德尔和鲍林对作为进化计时者的发散分子（diverging molecules）进行了深入观察。发散分子的功用在于让时间倒流，使我们得以回到过去发现共同的祖先，它提供了解释大量的线粒体数据的方法，以及推断夏娃存在的线索。当然，由于 Y 染色体不参与重组，所以这也同样适用于它。通过回溯由 Y 染色体多态性定义的路径，我们可以快速容易地找到亚当。我们只需多态性。Y 染色体在这里就是王牌，因为直到现在我们也就找到了这一张。

1994 年，罗布·多利特（Rob Dorit）、明石弘（Hiroshi Akashi）和沃尔特·吉尔伯特（还是他，在 20 世纪 70 年代与他人共同发现了 DNA 测序方法）在著名的科学期刊《科学》杂志上发表了一篇奇怪的论文。这篇论文的奇怪之处不在于他们发现了什么，而在于他们什么也没有发现。《人类 Y 染色体上"锌指蛋白基因座"多态性的缺失》描述了对来自世界各地的 38 个男性的研究分析结果。这项研究的重点是他们 Y 染色体上的多态性。尽管在先前的研究中，马里亚姆·卡萨诺瓦（Myriam Casanova）和杰勒德·卢科特（Gerard Lucotte）在 1985 年各自独立识别出了 Y 染色体上的一些多态性，但远比其他已知的染色体上的要少得多。多利特令人震惊的研究结果表明，被检测区域内的人类 Y 染色体并没有任何变异。

没有检测出任何一个 DNA 序列变异，就意味着所有男人都有着一个年代相对较晚的共同祖先。但是，由于没有检测出任何变异，所以也没法判断这个人可能生活在什么年代。从表面上看，他们所有人可能有着同一个父亲，一个在全世界到处随意播种的浪荡子。然而，由于他们能够用于研究的 DNA 数量相对较少，也就约 700 个核苷酸的长度，作为研究对象的男性人数也很少，所以有可能是他们运气不佳，在那些特定染色体中选择了一个没有变化的区域。基于这种解释，研究人员推算出男性的年代相对较晚的共同祖先，也就是亚当，生活在 0—80 万年前。这并没有给有关人类起源和迁徙的研究提供新视角，反而是对那些只想研究 Y 染色体的群体遗传学的研究人员造成了阻碍。

在接下来的几年里人们确实发现了一些多态性，亚利桑那大学的迈克尔·哈默（Michael Hammer）找到了足够的多样性并将亚当设定在距今 20 万年的非洲，还在确认线粒体研究的结论后迫不及待地把祖先约会的地点指定到了非洲南部的草原。能提供有用信息的 Y 染色体多态性的总量仍然很小。然而，提高多样性搜寻力度的时代已然到来，再一次，加利福尼亚州的旧金山湾区提供了合适的环境。

重压之下

20 世纪 60 年代晚期，彼得・昂德希尔（Peter Underhill）在加州开始了他研究海洋生物学的学术生涯，最终在 1981 年从特拉华大学获得了博士学位。之后他回到加利福尼亚，一头扎入了新兴的生物科技领域，做着诸如设计用于分子生物学研究的生化酶之类的事情。最重要的是，他吸收了当时遗传学家们正在开发的令人眼花缭乱的新兴技术。对于刚刚起步的生物技术产业来说，这是一个令人兴奋的时刻，旧金山地区被认为是 DNA 重组革命的中心所在。基因剪接成为硅谷和周边城镇与不断扩大的计算机产业比肩的产业。

1991 年，由于厌倦了商业圈子，他申请了斯坦福大学卢卡・卡瓦利-斯福尔扎实验室的助理研究员职位。在说服卢卡相信他能够较好地融入紧密合作的团队之后，他被录用了。彼得开始在实验室对 mtDNA 进行测序，但他很快对 Y 染色体产生了兴趣。当时的卡瓦利-斯福尔扎实验室是一个非常令人兴奋的地方，有一种在这个领域“独辟蹊径”的真实感觉，我很幸运，自己当时也在那里当博士后研究员。统计和遗传分析的新方法几乎每周都在发展，智性氛围无可挑剔。整个 20 世纪 90 年代，几乎所有人类群体遗传学的主要人物都在斯坦福大学待过一段时间，其中有学生，也有博士后研究员，比如戴维・戈德斯坦（David Goldstein）、马克・塞尔斯塔德（Mark Seielstad）和李进（Li

Jin)，他们都是我们在后面会遇到的人物。但稀奇的是，就是这位分析化学家对我们讲述的故事产生了最大的影响。为了解释清楚原因，我们需要对构成我们基因组的分子有一点了解。

遗传学家技术装备库中主要工具之一的能力是根据分子大小来分离 DNA 片段。你细胞内的 DNA，就像蛋白质一样，是一条被称为核苷酸的线性构造链。这些信息是按照组成 DNA 的碱基序列编码的，就像组成蛋白质的氨基酸一样。然而，与蛋白质不同的是，DNA 只有四种构建单元，被称为核苷酸碱基：腺嘌呤（A）、胞嘧啶（C）、鸟嘌呤（G）和胸腺嘧啶（T）。它们编码的信息，也就是建构“你”的指导手册，包含在这四个核苷酸的特定序列中。就像莫尔斯代码可以用点、划、停顿传递大量信息一样，DNA 也可以以核苷酸的形式来编码有机体的生物本质。它需要处理超过 30 亿的数据，这是个相当庞大的数据量。

根据分子大小把分子从混合体里分离出来的技术，可以用来推断 DNA 分子中的核苷酸序列。这是因为使用生化技术可以根据 DNA 序列生成特定长度的 DNA 片段。在生成 DNA 片段后，它们可以在电场环境下穿过类似凝胶的基质，然后被分离开来。因为 DNA 带有负电荷，所以 DNA 片段会迁移到基质的正电荷端。在分子水平上，相反的东西确实会相互吸引。有趣的是，在凝胶基质中穿行的时候，这些 DNA 片段的活动会非常迟缓，因为它们必须在凝胶中的微小迷宫通道中寻找出路。它们的迟缓程度取决于它们的长度，长分子会比短分子迟缓很多，因为它们有更多的物质要挤过基质通道。尽管理论上听起来很复杂，但在实践中效果很好。这项被称为测序的技术，几乎是过去 30 年所有重要的遗传发现的基础。例如，人类基因组的测序就千万次地用到了这项技术，不是仅仅成功一次，而是一直有效。

测序有一个问题，就是慢，而且，在研究中做确定 DNA 分子序列的生化反应的实验异常昂贵。因此，遗传学家们尝试用更快速、更便宜的方法来检测 DNA 序列，通常他们会用寻找被测试个体与已经通过生物化学和凝胶法测序的个体间差异的方法。这种 DNA 序列之间的差异就是我们所说的“多态性”，它们有助于确定个体对疾病的易感性、毛发颜色（前提是没有染过）以及人们之间的所有其他获得性遗传差异。但是绝大多数的 DNA 对携带它们的人没有产生任何影响，它们是从前辈那里继承来的东西，是祖先的标记。人类学家和历史学家最感兴趣的就是这些符号。

化学家彼得·奥夫纳（Peter Oefner）是一位来自因斯布鲁克附近的蒂罗尔地区的严肃、奋发进取的奥地利人。20 世纪 90 年代，他在斯坦福大学主导了一项关于 DNA 分子分离的研究，运用了被称为“高压液相色谱法”（High Pressure Liquid Chromatography，简称 HPLC）的技术。特别值得一提的是，他一直致力于开发一种用 HPLC 识别 DNA 分子序列的方法，这种分离分子的方法比凝胶法来得更快。彼得·昂德希尔在遗传学系的一次午间研讨会上看到了奥夫纳提交的关于这项技术的报告。昂德希尔目瞪口呆，他意识到这项技术能够有效运用在寻找 Y 染色体多态性上，于是找到奥夫纳询问他是否有兴趣合作。两人一拍即合马上启动了疯狂的工作状态，在接下来的 18 个月里，两人都放弃了周末休息时间。

这两位彼得的密切合作最终催生出了一种被称为“变性 HPLC”（简称 dHPLC）的技术。这种技术利用 DNA 分子的一种偶然属性：它们是双链的、成对的核苷酸链，由核苷酸碱基之间的相互引力连接在一起。在 DNA 世界中，腺嘌呤总是和胸腺嘧啶成对，胞嘧啶总是和鸟嘌呤成对，这是它们的分子结构的性质所决定的。这意味着，如果知道了一条链的核苷酸序列，那么也就能自动知道另一条链的核苷酸序列。如此，双链结构的优势便显现出来：它的第一个优势是能稳定 DNA 分子，使其不易受到酶和环境压力的破坏。我们已经从 5 万年前的骨骼中提取到了 DNA，在我们的细胞中也发现了单链的类似物，即 RNA，但是它太不稳定，无法保持同一状态太久。双链的第二个优势，是它能提供一种备份核苷酸序列中包含数据的方法。如果 DNA 分子的一条链上确实发生了改变（即突变），则相反链上的镜像核苷酸将不再与其完美配对。由于碱基对不匹配，在这一条链的这个点上会有一个轻微的“扭结”。这种扭结很容易被细胞中的校正机器检测到，损伤也会得到修复。

dHPLC 技术采用了 HPLC 的异常敏感分离技术作为细胞校正机器的替代品。它让那些不匹配的 DNA 分子通过一个基质来减缓它们的运动，这个基质基于分子的结构，而非分子的长度来设计。如果链中有一个扭结，运动就会改变，不匹配的片段就可以通过不同的迁移模式检测出来。这使得你可以扫描一个有几百个核苷酸的完整的 DNA 片段，从而快速且低成本地找出它和另一个已知序列的 DNA 片段之间的差异。这是一个节省时间的神奇方法，也是对我们的基因进行“排序”能力的重要跃进。

这项物理化学新技术在医学领域内的应用看上去卓有成效，人们已经用它确认了几种人类疾病产生的根源——基因突变。但是，在研究古人类迁徙这个问题上它又能给我们提供什么帮助呢？答案是，我们可以利用这项技术来检测很多不同个体 DNA 的同一区域，从而发现他们之间的遗传差异。这使得我们能够快速和有效地评估不同人种中的遗传多样性水平，并且提供研究所需的丰富的多态性资料。在该技术开发之前，我们在 Y 染色体上能够辨识出十几个多态性。但是在使用该技术后，我们发现了大约 400 个，而且这个数字每周都在增加。如果罗布·多利特和他的同事能够通过 dHPLC 对 Y 染色体的多样性进行研究，他们一定会发现很多新的变异。技术打开了新天地，新方法解决了老问题，科学研究中经常发生这样的事，而且往往带来令人吃惊的答案。

亚当来迟

很显然，我们首先要问的问题是，是否大量的 Y 染色体多态性的存在依然能够表明现代人类起源于非洲？答案是肯定的，两位彼得和其他 19 位作者（包括本人）在 2000 年 11 月的科学期刊《自然遗传学》（*Nature Genetics*）上发表的一项研究清楚而简洁地阐述了研究结果。我们使用新发现的 Y 染色体多态性宝库对来自每个大陆的数十个群体的男性样本进行了研究。应用和早期 mtDNA 研究相同的方法，我们根据序列变异模式构建了一张树型图。这个图表显示了 Y 染色体祖先最古老的分裂发生在非洲。换句话说，男性家族谱系树的根在非洲，与用 mtDNA 研究女性给我们的答案完全一样。令人震惊的是我们为这个人类最古老的共同祖先估算出来的生存年代。这个男人，当今所有活着的男性的 Y 染色体都可以追溯到他那里去的男人，生活在 5.9 万年前，和夏娃生活的年代差了 8 万多年！亚当和夏娃从未相见吗？

他们当然没有见过面，原因是相当复杂的。这揭示了用遗传学方法研究人类历史时要牢记的最为重要的事情。当我们对今天活着的人进行取样，检查他们的 DNA 以寻找他们过去的线索时，我们实际上是在研究他们的谱系，研究他们基因的历史。正如我们所了解的，人们从父母那里继承了他们的基因，所以对遗传史的研究也是对携带这些基因的人的历史的研究。但最终，当我们追溯到几千代前的人的过去时，我们遇到了一个障碍，那就是没有更多的变异可以告诉我们有关久远历史的诸多问题。一旦我们碰到这一点，人类的遗传变异再也不能提供关于我们祖先的更多的信息。我们所有人都被整合进了一个单一的遗传实体中，Y 染色体就是“亚当”，mtDNA 就是“夏娃”，他们存在于过去一段不可知的时间里。虽然这个实体是一个生活在那个时代的真实的人，也是我们今天所有人的共同的祖先，但我们没法用遗传学方法来描述有关他们的祖先的事情。我们能问的问题是，亚当和夏娃与其他物种是什么关系？（作为一个物种，人类是否与黑猩猩或鲟鱼关系更密切？）但我们描述不了在人类血统形成之前发生了什么。奥卡姆的刀刃再没什么可切的了。

对人类血统形成日期的估计意味着，除非把过去 20 万年所有的现代人类都安置在非洲，进而否定库恩和其他人所偏爱的多区域人类进化模式，否则这些日期并没有什么意义。它们并不代表我们这个物种的起源日期，否则夏娃就要等很长时间才能等到亚当出现。当我们不再盯着我们的 mtDNA 和 Y 染色体谱系中的遗传多样性时，它们仅仅代表了时间和向过去的回望。由于 mtDNA 和 Y 染色体是我们完整的基因挂毯图案中各自完全独立的部分，所以它们在不同的时间结合在一起也许并不令人惊讶。例如，你的父母出生在同一天吗？同样，对遗传日期的估计和对考古日期的估计差不多，涉及对过去人口进行的一些假设，而这些假设可能并不完全准确。由此，我们对亚当的年龄给出一个大致范围，从 4 万岁到 14 万岁，其中最有可能的是 5.9 万岁。我们将在本书第八章中看到，亚当和夏娃之间的年龄差距比我们想象的要大得多，而且很可能是几千年性别政治的结果。然而，这并不暗示着人类进化的不确定性。回到我们的普罗旺斯之旅，男人只是比女人更快地失去他们的汤谱配方。

因此，我们对亚当和夏娃基因合并点时间的估计所持的主要观点是，在我们给出的那个最晚的合并时间之前，非洲以外没有现代人。鉴于Y染色体这边的日期比较晚，这意味着至少6万年前所有的现代人类都在非洲。这才是真正令人惊讶的：6万年也许很遥远，但请记住，我们在这里处理的是进化的时间尺度。化石记载下的最早的猿类活在2 300万年前，这是一个让人难以想象的巨大的时间跨度。但是，如果我们把它压缩为1年的话，这就有助于我们把其他的日期也都放进同一语境中来。想象一下，元旦那天，猿类出现了；我们第一批直立行走的原始人祖先——猿人，大约出现在10月底；近200万年前离开非洲的直立人要在12月初才出现；现代人要到12月28日才会出现，到了年末最后一天才会离开非洲！人类离开非洲并殖民全世界，在进化上仅是一眨眼的工夫，地球生命史的短暂瞬间。

既然这个日期离我们是如此之近，那我们还能否在今天居住在那里的非洲人身上找到早期人类的迹象呢？

弹舌音

Y染色体分析结果中最有趣的事情之一是非洲内部的多样性模式，这从整个非洲大陆广泛分布的悠久的遗传谱系可见一斑。虽然所有的非洲居民都比非洲大陆以外的其他人拥有更为深远的进化谱系，但有些群体确实保留了非常古老的血统。这些群体分布在今天的埃塞俄比亚、苏丹以及东部和南部非洲的部分地区，他们所携带的遗传信号强有力地证明了他们是人类最古老人群的一支。这些信号已经在其他群体中消失了，但今天，这些东部和南部非洲族群的遗传信号仍然可以直接回溯到亚当那里。

这些群体生活在非洲大裂谷，直至非洲西南方。在那里，那些被称为“桑”（San）的人，以前叫布须曼人（Bushmen），都携带一个很强的、有着最早人类群体特征的多样性信号。他们说着这个星球上最奇怪的语言之一，以弹舌音作为单词，就像我们指挥一匹马时或是模仿龙头滴水时发出的“咔嗒”声。世界上再没有其他的语言在日常词语结构中使用弹舌音。于是，随着欧洲人殖民南部非洲，这种语言的怪异之处引起了语言学家的注意，他们对桑语系的研究持续了近 200 年的时间。这个语系的语言极其复杂。例如，英语在日常语言中使用了 31 种不同的发音（世界上三分之二的语言的发音在 20 种到 40 种），而“San！ Xu”语言（“San！ Xu”听起来像开瓶时发出的声音）有 141 种。虽然没有办法确切地说出是哪些因素影响了语言多样性，但这个数字肯定暗示着一个古老谱系的存在，就像遗传多样性的积累一样，时间越长，数量越大。

桑人内部深远的遗传谱系模式也可用线粒体 DNA 来证明，三条各自独立的证据——Y 染色体、mtDNA 和语言学——汇聚在一起明确表明桑人代表着与我们人类始祖的直接联系。这是否意味着人类起源于南部非洲，而不是非洲大裂谷？那不一定，尽管我们的南方原人祖先的地位近些年有所增强，且现在一些古人类学家主张南方起源论。但有一点很清楚，目前桑人的活动范围只是他们历史分布的一小部分，被归类为桑人的骨骼材料是从索马里和埃塞俄比亚的旧石器时代遗址中发掘出来的。一些最清晰的现代证据又一次来自语言学家。在南部非洲以外，唯一使用弹舌音语言的地方是东非。坦桑尼亚的哈特扎人和桑达维人说的是非常不同的弹舌语言，这为这种语言谱系一度广泛分布于从大裂谷到纳米比亚提供了明确的证据。有可能桑语系这种持续分布在后来更晚的时候受到了来自中非的说班图语的人口的冲击。说班图语的人口在过去 2 000 多年的时间里扩展到了非洲东部和南部的大部分地区。然而，在班图人到来之前，非洲南部和东部似乎主要以桑人为主。

面对面

桑人的一个显著特征是他们的“非–非洲人”外貌。当然，非洲人的外貌有着巨大的差异，任何企图按照“非洲人”和“非–非洲人”来把人分类的努力都是毫无意义的。当我们大多数人一想到非洲人，我们脑海里浮现的画面是中部非洲人和（经过欧洲奴隶贸易到达美洲的）非裔美国人以及非裔加勒比人身上的典型班图人特征。而桑人的个头小很多，肤色较浅，头发更卷曲，眼睛上有一层更厚的皮肤，被称为“内眦赘皮”（epicanthic fold），这也是东亚人的特征。正是这种特征使一些研究人员认为，内眦赘皮是我们物种的一个先祖级特征，在西部欧亚人（western Eurasian）和班图人种群中完全消失了。这一假说在内眦赘皮的遗传基础被破译之前纯粹是推测，但它肯定与来自桑人的证据是一致的。那么，我们是否能从桑人身上看到我们那生活在与基因亚当同时代的祖先呢？

想象我们共同的男性祖先和女性祖先的长相是很困难的。我们只能根据我们观察到的当今人类群体的多样性，并参照人类形态演变过程，做出一些有依据的猜测。在这个意义上，它就像任意一门历史学科一样，只能根据现存的线索来了解从前发生的未知事件，以简克繁。不幸的是，我们找不到更好的方法来评估我们画出的肖像是否准确无误，所以我们只能无条件地相信。

我们的非洲祖先不大可能像博物馆里描绘的那种毛茸茸的野蛮原

始人类，我们对尼安德特人的先入之见影响了我们的判断，尼安德特人可能是相当多毛和野蛮的。相反，至少与尼安德特人相比而言，他们有可能是相当瘦弱和优雅的。原因很简单，尼安德特人体型巨大，外表多毛，才能适应寒冷的欧亚气候，而我们最早的祖先生活在非洲南部和东部相对温暖的气候中，他们不需要多毛的外表来保暖。

他们可能有内眦赘皮。虽然这一特征有可能在世界其他地区再次出现，但更有可能是我们共同的祖先身上的一个特征，而这一特征在那支演变成中部和西部欧亚人的人群谱系中完全消失了。当然，唐氏综合征的每一个病例都会出现内眦赘皮，所以这可能是比较容易产生的。不管怎么说，这仍是一个很好用的假设：内眦赘皮是一种祖先的特征。

早期人类可能有着较深的肤色。这是因为他们生活的自然环境是阳光灿烂的非洲大草原，在那里，黑皮肤在抵御太阳辐射方面能为人类提供更多的保护，这是个明显的优点。这也是因为在欧洲人和东北亚人中存在的一些浅肤色基因变异来自祖先的偏深色基因（被称为 MCiR 或促黑细胞激素受体），这种基因在当前的非洲只发现了一种。因此，非洲人更有可能保留了较深的肤色，而不是从浅色进化到深色的。

我们 6 万年前的祖先大概和你我一样高。当然，这种说法毫无意义。现代人类的平均身高在世界各地差异很大，荷兰人是欧洲人口中最高的，年轻男子平均身高超过 6 英尺（1.83 米），女性则低几英寸。日本人稍微矮一些，男性平均身高约为 5 英尺 6 英寸（1.7 米）。非洲中部的特瓦俾格米人明显是最矮的，男性平均身高只有 5 英尺（1.5 米）。这种身高的变化反映出了人类对当地环境的适应，我们的直立人和东非直立人（*Homo ergaster*）祖先也是如此。

因此，在我们脑海里浮现的应该是一个皮肤黝黑的人（虽然可能不像今天的一些非洲人那样黑），比较高，很瘦，或许有着内眦赘皮。如果这样一个人穿着西装乘坐火车并坐在你对面，不会让你觉得特别不协调。我想这并不奇怪，毕竟他生活在你之前的 2 500 代人之中。

走出安乐窝

如果你全盘接受上文的证据，你就会认定亚当与现代桑人的直系祖先一起生活在大约 6 万年前的非洲东部或南部，或许在两地都生活过。我们这个物种的第一批现代人类群体出现的日期仍有待评估，有可能在 6 万至几十万年前。只是因为我们遗失了那个阶段的基因信号，所以今天呈现出的所有遗传多样性都只能聚集到一个单一的祖先身上。然而，这些数据清楚地表明，全世界发现的所有现代人类遗传多样性在大约 6 万年前起源于非洲。mtDNA 和 Y 染色体对于最早的“非-非洲人”遗传谱系的出现时间给出了相同的答案。现在大多数遗传学家都认可人类在这个时候开始走出非洲的观点。在此之前，他们可能偶然地侵入过中东地区。以色列的卡夫扎（Qafzeh）和斯虎尔（Skuhl）的遗址出土了有将近 10 万年历史的人类遗骸，但黎凡特（Levant）[1]地区在 10 万至15 万年前本来就是东北非的外延，很有可能也是早期智人本身的活动范围。真正的扩张是越过地中海，完全进入未知的亚洲本土。

这里我们马上会遇到澳大利亚俚语中“真的棘手”（a curly one）的问题。根据能推出日期的遗存判断，人类曾在非洲以东 1.5 万千米的

[1] 黎凡特，拉丁语写作 levare，此处的黎凡特包括托罗斯山脉、阿拉伯半岛和安那托利亚。上文的以色列也在这个地理范围内。——编者注

澳大利亚生活，时间是“五六万年前”，但这时候，我们人类理应一个不差地生活在非洲。如果我偏好神秘主义，我可能会由此推断出澳洲原住民的祖先已经学会了“折叠空间”，就像弗兰克·赫伯特（Frank Herbert）在科幻小说《沙丘》中所写的那样。然而，作为一个（明辨道理的）坚定地扎根于务实和理性的科学世界的人，我被迫寻找其他答案。

第四章

滑开

于是，第一天早晨，每一个昏睡中的祖先都感到太阳的热力烘烤着自己的眼睑，感到自己的身体在生育后代。蛇人感到蛇从自己的肚脐爬出，杜鹃人感到长出了羽毛，木蠹蛾虫人感到身体在抖动，忍冬人感到叶片在舒展、花朵在绽放，袋狸人感到小袋狸从自己的腋下往外跳。每一个生灵，在自己的出生之地，不约而同地向白日之光伸出自己的臂膀。

——布鲁斯·查特文，

《歌之版图》(*The Songlines*)

当我还是个孩子的时候，我和我的朋友们经常一起玩一个愚蠢的智力小游戏。游戏中我们会问一些容易让人上当的问题，以卖弄我们对一些费解事物的掌握，其中最爱干的事就是给地球上最大的岛屿命名。童言无忌的答案“澳大利亚”总是会引起不满的嘘声。这些发出嘘声的孩子都知道，澳大利亚，是澳大拉西亚[1]大陆的一部分，而不

[1] 澳大拉西亚(Australasia)，南太平洋岛区的地理泛称。——编者注

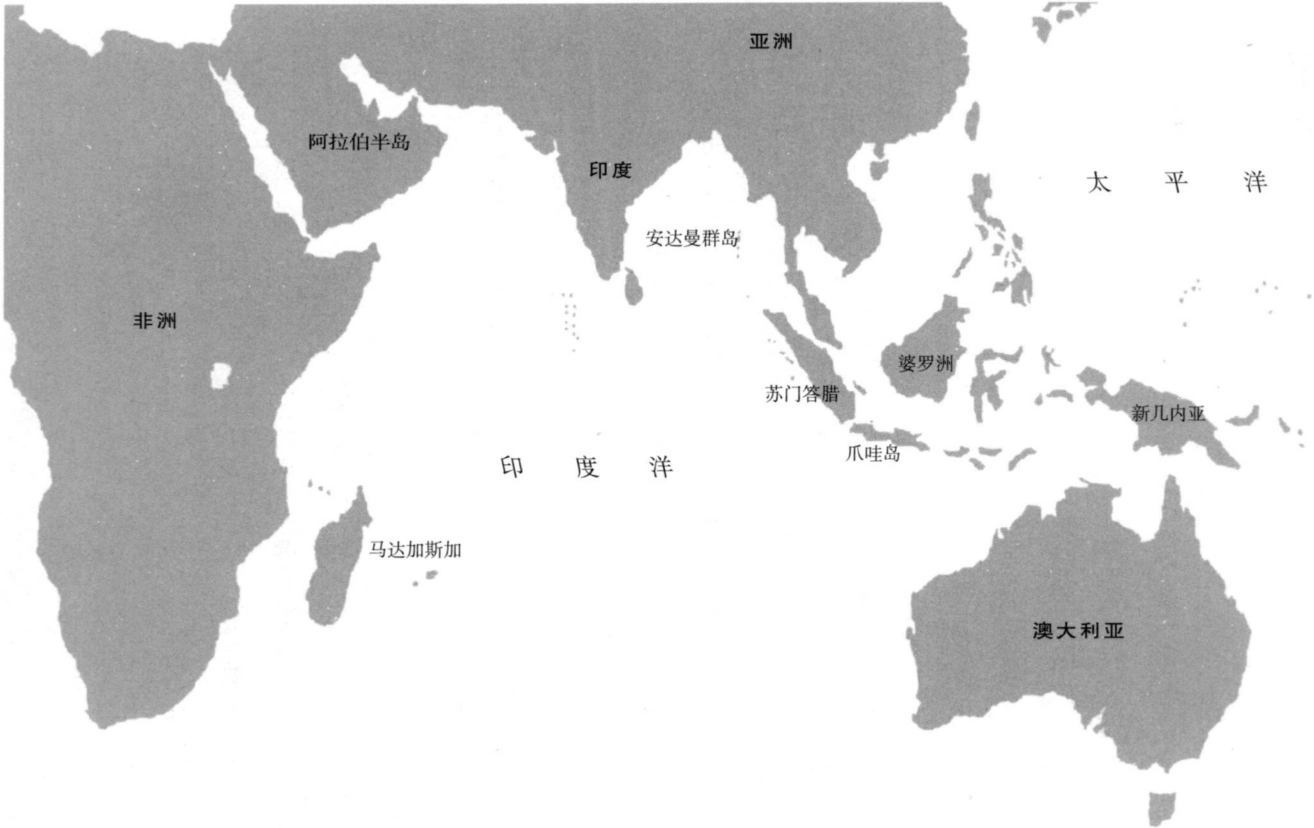

地图 1　南亚地区

仅仅是一个大岛。澳大拉西亚包括澳大利亚、新西兰、塔斯马尼亚岛、新几内亚岛和印度尼西亚最东端的几个岛屿。使用地理学名词作为记忆术的时候，澳大拉西亚对应的是“格格不入的人”。一个多么古怪的大陆呀。

今天的澳大利亚是地球上最干燥的次大陆，其中 90% 以上的土地年降水量不到 1 000 毫米。与这样具有挑战的环境形成反差的是，它是当今世界上城市化程度最高的国家，90% 的人口居住在沿海城市。它拥有地球上最长的连续珊瑚礁，那令人惊叹的长达 2 000 千米的大堡礁。也许澳大利亚最有意思的是它的动物群。澳大利亚的动物与地球上任何其他地方的动物都不同，唯一有相似物种的是新几内亚，后者也是澳大拉西亚的一部分。形成这种独特性的原因在于这个地方极度孤立与隔离。任何坐过从伦敦到悉尼的飞行两晚的航班的人都能证明到达那里有多困难。由于板块构造变幻莫测，澳大利亚在过去 1 亿多年里一直与欧亚大陆、美洲大陆和非洲大陆没有联系，但与南极洲最近！这种孤立意味着澳大利亚错过了哺乳动物进化的大部分主线，但它拥有丰富的有袋物种。缺少“正常”的哺乳动物使得进化走上了一条不同的路径，产生出鸭嘴兽和袋鼠这类奇特的动物。这也意味着，直到最近，澳大利亚也没有灵长类动物，没有猴子，没有类人猿，甚至灌丛婴猴。人类是这个大陆上唯一的灵长类物种。

没有进化意义的祖先，意味着人类一定是从别的地方来到澳大利亚拓殖的。但他们是从哪里来的？这次旅行显然包含了一次堪称伟大的海上航行，即使是从最近的大陆邻地出发。如果我们考虑到气候波动造成的海平面变化，在大约 2 万年前，上一个冰期最寒冷的时候形成的莎湖（Sahul）陆棚（除澳大利亚外，还包括新几内亚和塔斯马尼亚）仍距离东南亚其他地区约 100 千米。人类是怎样，在什么时间拓殖澳大利亚的，这是我们解决现代人如何定居世界的难题的关键之一。这些细节揭示了人类的历史，而将这些细节碎片拼合起来的分析方法，同时也将为我们之后的旅程设定模式。

死亡与衰变

新南威尔士的蒙哥湖（Lake Mungo）位于悉尼以西约 1 000 千米处。从最近一个有机场的城镇米尔杜拉过去，需要开车将近 120 千米。这条路穿过灌木丛生的沙漠地带，不仅炎热，而且尘土飞扬。澳大利亚内陆到处都是这样长满矮灌木的沙漠。蒙哥不再是一个湖泊了，湖水在 1 万年前就已经干涸，留下了奇妙的沙子和黏土造型，让人想起加州北部的莫诺湖。但在距今 4.5 万年至 2 万年，蒙哥湖这片区域作为威兰德拉湖区（Willandra Lakes）的一部分，还是一片郁郁葱葱的绿洲。作为这些湖泊的主干河流，威兰德拉河汇入南部的墨累河，最终在今天的阿德莱德附近流入因康特湾。从蒙哥湖遗址出土的动物残骸中可以清楚地看出，当时在湖的周围生活着一些业已灭绝的大型有袋动物物种，其中包括水牛般大小的袋犀牛（*Zygomaturus*）和重达 200 千克的窄脸大袋鼠（*Procoptodon*）。该地区的所有动物都是食草动物，因此它们很容易成为人类的捕食对象。

根据最近测定的日期，就在那个时间段的早些时候，一名男子被埋葬在那里。他的发现者吉姆·鲍勒（Jim Bowler）将他命名为 Mungo3（蒙哥 3 号）。1974 年发现的时候，人们认为他的遗骸有 3 万年历史，最近的年代测定法将这个日期推到了 4.5 万年前。来自 Mungo3 出土层下方沉积层的人工制品的历史可以追溯到 6 万年前。如果得到证实，这些日期将使蒙哥一举成为世界上除非洲以外的，“解剖学上的现代人类”最早居住的地方。

如同其他地方出土的东西一样，澳大利亚最早的人类遗骸也是用同位素衰变法测定日期的。这些方法能够测量样品中保存的原子内部不同同位素的比率。这种方法的基本原理在于，几乎所有的原子都有不止一种“味”（同位素），有多少种亚原子构建模块（中子）就有多少味。通过粒子物理学的炼金术，“较重”的原子往往会随着时间的推移脱落一些粒子，在这个过程中它们转化为“较轻”的原子。知道了衰变发生的速率，以及测量较轻原子的重量比，就可以计算出衰变发生的时间。与第二章中讨论的分子钟一样，这个原子钟为研究古代人类遗骸提供了关键的时间测算方法。

应用最广泛的同位素测年法是所谓的放射性碳素断代，它可以测量样品中碳–14（C–14）与碳–12（C–12）的比例。碳–14 经过与空气的复杂交互作用会分解成为氮–14（N–14）。分解速度取决于碳–14 所谓的半衰期，测试品中的碳–14 含量减少到原来的一半所需时间（即半衰期）约为 5 700 年。既然任何有机分子的构建都需要用到碳，就像我们在植物和动物细胞组织里发现的那样，这种方法对于测定人类遗骸的年代来说也非常适用。问题在于，超过 4 万年，碳–14 与碳–12 的比率数值就不会太准确，因为大多数碳–14 已经衰减完了。经过 5 700 年，有机体存活时吸收到机体组织中的碳–14，还留存有一半；1.14 万年后仍存有四分之一；到 4 万年时，碳–14 只剩下原来的六十四分之一，不到 2%。这使得样品非常容易受到微量现代材料的污染，从而使样本的日期看起来会比实际更晚。因此，放射性碳素断代对于 3 万年以内的遗骸来说最有用，用来测定 1 万年以内的考古遗址会相当精准。

然而，一旦时间超过 4 万年，我们就必须使用衰变速度较慢的同位素。其中两种是钾–40 和铀–238，它们的半衰期分别为 12.5 亿年和

40 亿年。但这些更为稳定的同位素通常很难在石头和骨头中找到，所以它们只能被运用到测量这些遗留物周边的事物上去，比如和石头相关的火山灰，或者是和骨头更相关的湖泊沉积物。因此，能碰上可以使用它们的遗址是一种运气。值得庆幸的是，非洲大裂谷的地质活动意味着钾-40 测年可以在那里得到广泛的应用。

但如果你不是那么走运呢？特别是，如果你找到的遗留物超出了放射性碳素断代的使用极限，但是在沉积物中也找不到可以使用其他方法的遗留物呢？那么，我们就必须依靠三种相对较新的同位素技术的集合，它们的名字都很吓人：热释光（thermoluminescence）、光释光（optically stimulated luminescence）和电子自旋共振（electron spin resonance）。这些方法有赖于我们观察到的一个现象，即所有的天然辐射会导致电子（另一种类型的亚原子粒子）根据暴露到诸如火焰或阳光这类“电子净化”辐射源的程度，以稳定的速度集聚到物质细小的晶体缺陷中。暴露在这些净化辐射源之前，电子在这些类似陷阱的晶体缺陷中会集聚到什么程度，人们仍有较多假设。同样，对于过度暴露在辐射源之下引发的变动人们也有不同的看法。出于这些原因，使用释光法和共振法测定出的日期并不像利用碳-14 或钾-40 测定的那样精确，但对于许多遗址来说，它们是唯一可用的选项。

这些最新的技术在澳大利亚得到了最广泛的应用，特别是在一些明显是人类制造物的断代上，其中一些还与岩画艺术有关，测量时间表明它们已有 4 万多年的历史。当然，由于这些技术存在的不确定性，我们很难知道测量出的这些日期到底有多精准。但各方面的证据都显示出，人类确实已经在澳大利亚待了很长时间。澳大利亚国立大学的理查德·罗伯茨（Richard Roberts）和他的同事们对这些早期人类使用的相对简单的工具进行了调查。根据对北领地（Northern Territory）的一个遗址出土物的测定，他们推测时间大约在 6 万年前。

如今，古人类学的证据有力支持了现代人类在澳大利亚的早期定居早于 6 万年前的观点。但是在东南亚大陆，最早的考古遗址距今不到 4 万年。在来东南亚之前，人类怎么可能在澳大利亚先生活了 2 万年呢？这群人类真的是来自东南亚吗？这个谜语的谜底将把我们带回到非洲，带回伊甸园。

海陆大餐

非洲是地球上最接近赤道的大陆。整个大陆坐落在北纬 38 度和南纬 34 度之间，85% 的土地居于北回归线和南回归线之间的热带地区。令海平面结冰的温度很少出现在非洲，这在所有大洲里也是独一无二的。尽管撒哈拉的内陆沙漠和东非的火山山脉不适合人类居住，但是这片大陆的大部分地区都适合人类生存。非洲拥有东半球最大的连绵不断的热带雨林，东部和南部的热带草原养育了各种大型哺乳动物。热带雨林和热带草原的无缝对接在旧世界也是独一无二的，这可能是人类在那里进化的部分原因。早期人类最初的两足直立行走肯定是为了适应非洲稀树草原环境，也许早在 500 万年前，人类就一直在摸索离开森林的空中安全走廊的各种方法。

非洲并非一直都处在今天这个位置。地壳板块构造运动变幻莫测，非洲大陆在距今 2 000 万到 200 万年的大部分时间都在南印度洋漂移，最终在大约 1 500 万年前撞向了欧亚大陆。正是在这个时候，原始人类开始分散在世界各地，作为首批“出非洲记”（African Exodus）的一部分。欧仁・迪布瓦说那些进入东方演变成猩猩和长臂猿的生物是我们的祖先，留下来的演变成黑猩猩和大猩猩，最终，前两者在 10 万至 20

万年前进化成为解剖学上的现代人类。在这期间，非洲始终保持在原来的地理位置上。但是，和其他大陆一样，在过去几十万年里，非洲也经历着气候的急剧波动。

古气候学研究史前的气候。15 万年前的地球大约处于所谓的里斯冰期（Riss glaciation）的末尾。尽管各大洲之间会有很大差异，但平均而言，气温比现在普遍低 10 摄氏度。大约 13 万年前，它开始升温。随着海平面上升和水汽重新进入大气层，热带非洲开始出现更多的降水。大约 12 万年前，全球气温又开始逐渐冷却并在 7 万年前冷却加速。这种模式又持续了 5 万年（中间会有短期波动），最后在 2 万年前跌落到最低点。

因为非洲大部分地区都居于热带，它的气候不太取决于造就高纬度地区明显四季分割的太阳强度的变化。非洲的气候在很大程度上由降水量决定。整个非洲大陆的季节轮换节律最明显的就是雨季和旱季。例如，在肯尼亚和坦桑尼亚，众所周知的角马大迁徙就是由 6 月旱季到来引发的。但是季节的干湿强度并不是一成不变的，和今天比起来，过去的气候状况，有时会更潮湿，有时会更干燥。这些长时段的气候波动毫无疑问会影响动物的活动，其中也包括人类。

基地设在墨西哥的美国地球物理学家罗伯特·沃尔特（Robert Walter）最近的研究表明，在最后一个冰期的开始阶段，非洲大陆的大面积干旱导致了现代人更偏爱沿海的环境。这是因为非洲的大草原是不寻常的地方，它们与气候关系链中的热带雨林密切相关，根据降水量的不同，这两个地带可以互换。一般来说，在热带非洲，低降水量超过三个月的地区是热带草原，而少于三个月的地区是雨林。如果持续干旱时间过长，整个生态环境就会向草原转化，随着水分减少，最终彻底变成沙漠。虽然目前非洲大草原和雨林相对固定在特定地区，但是它们的范围在过去始终变化不定。沃尔特的研究表明，随着非洲日渐干燥，东非的大草原逐渐被干草原和沙漠取代，除了海岸线附近的狭长地带。正是在这些沿海大草原环境中，早期人类才得以聚集起来，他们开发的食物来源从海上一直延伸到附近生活的陆地动物。

虽然这个理论不具有普遍性，可能只是人类进化的一个小插曲，但有一点很清楚：有无可辩驳的证据表明早期人类能够依靠海洋生活。在非洲之角（Horn of Africa）东部的厄立特里亚，人们发现了大约 12.5 万年前充斥着大量蛤蜊和牡蛎贝壳的粪堆或垃圾堆。这些垃圾堆中散布着的人类石制工具，表明人类生活在该地区并开采沿海资源。这里出土的犀牛、大象和其他大型哺乳动物被分解的残骸，让我们不禁想象出一顿史前“牛排 + 海鲜”的海陆大餐，宛如现在美国餐馆里供应的大盘牛排和贝类。尽管在那个年代生活明显艰难，但我们的远祖显然已经具备了相当完善的饮食品位。

沃尔特的研究最令人激动的一个细节是，有证据显示这些非洲远祖与数千千米外的沿海居民进行过交换，那些人似乎也正在非洲南部采集相同类型的食物资源。这是根据在年代大致相同的遗址里发现的工具的相似性做出的推测。由此看来，人类能够沿着非洲东部海岸线相对迅速地迁徙很长距离。

现在是思维大飞跃的时候了：如果人类能够在大陆内部进行长途迁徙，使用相同的技术和利用相同的资源，为什么他们不能在大陆之间做同样的事情呢？沿海通道更像是一种史前高速公路，高度机动，而且还不需要面对在内陆迁徙时所需的那种对复杂新环境的适应。在厄立特里亚出土的东西几乎与阿拉伯沿海、西印度或东南亚的相同，至于与澳大利亚的发现是否相同，还有待进一步确认。由于沿海岸线活动非常便捷，如同一条沙滩高速路环绕着整个大陆，快速迁徙更加成为可能。在这个过程中，没有横亘的山脉或是大漠需要跨越，也不需要发明新的工具或保护性服饰，甚至能找到的食物来源也没有大的变化。总的来说，沿海通道似乎比任何内陆深处的路线都要好得多，只是有时候会有一些开阔的水面需要借用船只来通行。很有可能当时的船都相当简单，也许就是几根原木绑在一起，但我们没有直接的证据，因为木材会很快腐朽。不管怎么说，他们确实走过去了。

人类在离开非洲后几乎立即就出现在了澳大利亚，然后沿亚洲南部海岸线一路前行，这用沿海岸线移徙来解释是很有说服力的。这里还有两个相当关键的难题需要解答。如果从非洲迁出的那批最早的移民中有人沿着海岸线行进，那么是否会存在一种明显的基因模式？这取决于移民存在的方式，以及移民沿途所做的一切。我们有望看到一条特别的、与内陆地区生活人群不同的沿海遗传标记带。或许，这些信号在沿海居民和陆路移民的共同后代中已经同质化了。想要弄清楚这个问题，我们需要检测迁徙途经地区的人群来发现这个遗传模式到底是什么。回答第二个难题的关键证据则需要我们检视沿途的考古遗存中存在的模式，看它们在迁徙过程中是否具有一致性。

M&M's 彩虹豆

正如我们前面看到的，线粒体 DNA 和 Y 染色体在非洲人身上的分化早于其他地区。这到底是什么意思呢？如果我们想象现代线粒体多样性之间的遗传关系是一棵大橡树，它有根部，有树干，那么，最靠近地面的枝杈都是在非洲人身上发现的。在树的生长周期里，他们是最早生出来的、最古老的树枝。这意味着这棵树是在非洲长出来的。当我们沿着树干向上看，枝杈开始出现在“非-非洲人”身上。这些枝杈成形得很晚。我们要向上找多高才能找到非-非洲人？答案是很高。如果按照树根的年龄，这棵树是在 15 万年前开始生长的，那么“非-非洲人”的枝杈接近于顶部，不会早于 6 万年前。人类进化的大部分时间都是在非洲进行的，所以有理由说那里有更多的多样性。这棵树上的大部分树枝只能在非洲人身上找到。

遗传数据的美妙之处在于，它给我们提供了一个人类由非洲逐步挺进欧亚大陆和美洲的清晰路线。我们在世界各地发现的多样性，可以被分成相对独立的单元（尽管彼此间有联系），而它们间的区别可以被标记物定义。这些标记物是古代突变事件的结果。当我们把这些标记物标注到世界地图上，就可以据此推断过去迁移的细节。根据突变发生的顺序，估计相关日期和人口统计信息（如人口崩溃或激增），我们就可以洞察旅程的细节。第一个证据来自一个特别的男人，在他的 Y 染色体上有一个相当重要的随机突变，这次突变发生在 7.9 万年前至 3.1 万年前。他被乏味地命名为 M168。更形象地说，他被认为是欧亚大陆的亚当，是所有今天活着的非-非洲人的曾曾曾……曾祖父。他的子子孙孙的旅行奠定了人类历史的后续进程。

令人惊讶的是，关于我们的祖先离开非洲时所走的路线，最清晰的证据来自 Y 染色体。难道是男人们“四处留种”，好让他们的区域性遗传信号得到广泛传播吗？奇怪的是并非如此！而且男性谱系很快就会失去自己古老的汤谱配方（我们曾用它来解释亚当的约会）。这就意味着：生活在某一特定地区的男人往往有着年代较近的共同祖先，从而为我们提供了明确的特定地理区域的“指纹”。上述种种告诉我们，Y 染色体给出了最清晰的早期人类旅程图。它实际上是一张“男性旅程图”，为我们提供了一个推断旅行细节的很好的工具。很明显，检查女性谱系是否遵循同样的模式也很重要，以便我们搞清楚鱼和自行车是否一直在一起。可以这么说，Y 染色体提供了我们人类迁徙史里最精华的部分。

当我们对线粒体树树杈的分布进行仔细观察时，我们会发现存在着一个相似模式，那就是所有的非-非洲人线粒体分支都是从树干一个特定地方开始分叉的，这意味着 M168 亚当和夏娃在此配对。谢天谢地啊！这位欧亚夏娃生活在五六万年前，暗示着她和欧亚亚当见过。她（再次）被乏味地命名为 L3。她的女儿们与 M168 的儿子们相依踏上了育满世界的旅程。

根据 M168 和 L3 的后代今天在非洲的分布情况，他们很有可能都生活在非洲东北部，现在的埃塞俄比亚和苏丹地区。像今天所有活着的男人一样，M168 和他的非洲表兄弟有着更深的渊源。M168 的谱系是人类家族树的一个主要分支，在今天所有的欧亚人 DNA 中都发现了他的后代的“终端分支”，通过 M168，他们所有人都被连接到我们这个物种的非洲起源的根上。以树为喻，我们研究的每一个标记都定义了树上的一个节点，旁枝从这里分叉。如果我们只标记 M168 和 L3 的话，我们的树木会显得非常稀疏，只有根（亚当和夏娃）和由 M168 与 L3 定义的一个分叉，其中一支走出了非洲，另一支则留了下来。幸运的是，这棵树为茂密的枝叶所覆盖，形成了一种旺盛的生长模式，正可以作为我们描绘旅程的地图。

有趣的是，无论是线粒体还是 Y 染色体的分叉上，紧跟着 M168 和 L3，又出现了另一个分叉，将欧亚人的分支结构分成不同的簇，按 mtDNA 分是 2 个杈，按 Y 染色体[1]分则是 3 个杈。无论是对 Y 染色

[1] M168 血统里有 3 个 Y 染色体簇群，在这本书里我们探究其中 2 个。第三种主要在非洲发现，被标记为 YAP 或 Mi。出非洲以后，它分裂成两个谱系，迁徙路线基本上与其他两个后面要说的 Y 簇群相同。由于它对我们理解“走出非洲”的移民没有什么影响，几乎不存在于非-非洲人群中，所以我选择忽略它。在此，我向迈克尔·哈默道歉，他在 20 世纪 90 年代初发现了 YAP 标记。——作者注

体还是对 mtDNA 而言，分叉中的其中一个簇群会比其他的簇更具有普遍性：在非-非洲人分支（或谱系）中，就 mtDNA 而言，这一簇群占 60% 左右；就 Y 染色体而言，这一簇群占 90% 以上。换句话说，当今生活的绝大多数非-非洲人都拥有来自多数的那支分叉的 mtDNA 和 Y 染色体。这是一个巨大的群体，生活在欧洲、印度和南美洲等不同的地方。而那些人数很少的谱系只存在于亚洲、澳大拉西亚和美洲。正是这些罕见谱系形成了澳大利亚原住民线粒体和 Y 染色体构成的主体。

这种罕见的线粒体簇群被命名为 M，就像 007 电影中军情六处负责人 M16 的名字那样。依照《圣经》的表达方式，夏娃生 L3，L3 生 M。根据在巴黎工作的加泰罗尼亚研究人员路易・坎塔纳-穆尔西（Lluis Quintana-Murci）的最新研究，M 簇群的分布画出了早期的出非洲之路，沿南亚海岸到东南亚和澳大利亚。M 几乎没有出现在中东，在欧洲也根本找不到，但它在印度的线粒体类型中占 20% 或更多，在澳大利亚接近 100%。坎塔纳-穆尔西估计它的年龄是 5 万到 6 万岁，从它的分布来看，携带 M 谱系的人似乎从未进入中东的内陆地区。最有可能的解释是，“M 人”带着他们独特的基因特征很早就沿着大陆南部海岸离开了非洲。

那 Y 染色体呢？我们的 M-线粒体谱系中有对应的男性吗？幸运的是，答案是肯定的。再次模仿《圣经》风格，亚当生 M168，M168 生 M130。M130 明显始终伴随着 M 进行他的海岸之旅。当今 M 后裔的分布表明了此次旅程的性质。如同 M 线粒体谱系一样，M130 的 Y 染色体仅出现于亚洲和美洲，但是我们看到的 Y 染色体谱系的衰减力度，比起他们的线粒体配对来说更引人注目。M130 的后裔在里海（Caspian Sea）以西几乎不为人所知，但他们在澳大拉西亚的男性中占很大比例。

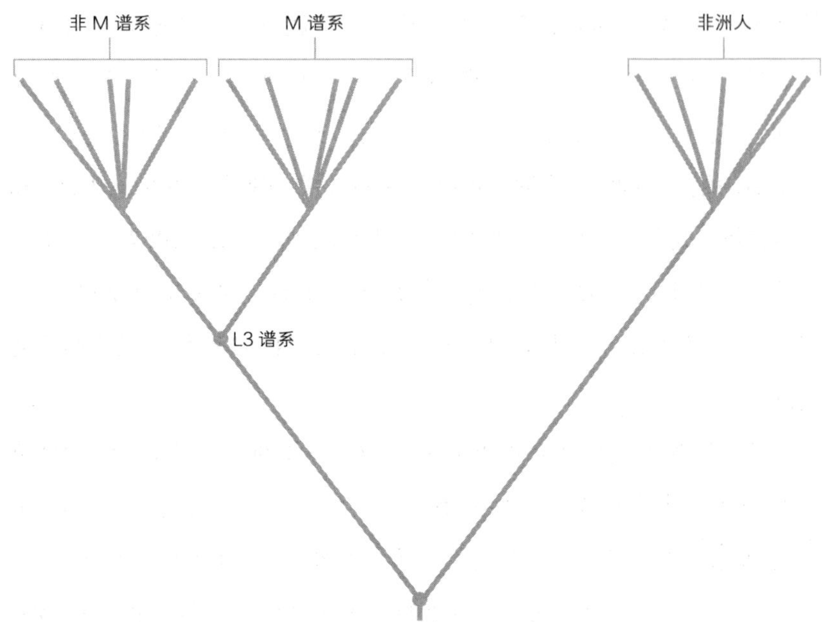

图 3　mtDNA 谱系图显示出非洲后分叉为 M 谱系和非 M 谱系

M130 在印度次大陆人数也很少，低于 5%。但随着我们向东移动，占比逐渐增加。10% 的马来西亚人、15% 的新几内亚人和 60% 的澳大利亚原住民男子可以直接溯祖到 M130。在东北亚，特别是蒙古和西伯利亚东部，M130 的频率高得离奇。这意味着后来的一次迁徙，我们将在第七章中加以讨论。对于我们讲述的澳大利亚故事来说，M130 为我们提供了沿海移民走出非洲的清晰指纹。

另一项证据显示出非洲和澳大拉西亚之间有着直接的联系，那就是人的外貌。澳大利亚人的黑皮肤让人想起了非洲人的皮肤，这值得一说。今天生活在东南亚的大多数人都被归类为“蒙古人种”，这意味着他们与居住在更靠北地区的中国和西伯利亚的人有着共同的历史。

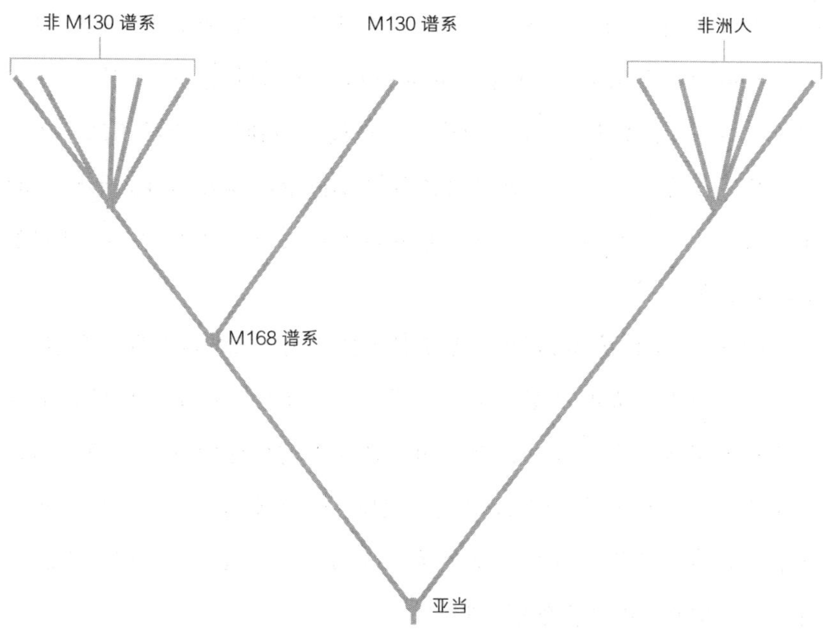

图 4　Y 染色体谱系图，显示从祖先 M168 分裂为 M130 谱系和非 M130 谱系

然而，有一些被称为尼格利陀人[1]的离群索居的群体散布在整个东南亚地区，他们与非洲人非常相似。最明显的例子来自印度管辖下的安达曼群岛，但它实际上距离泰国西海岸仅 400 千米。那里最大的部落群被称为昂格人和贾拉瓦人，与非洲的布须曼人和俾格米人看上去很像，特征包括矮小身材、黑色皮肤、紧密卷曲的头发和内眦赘皮。其他尼格利陀人群体如马来西亚的塞芒人和菲律宾的埃塔人，与蒙古人种群体交汇更多，外貌更像“亚洲人”。安达曼人，可能是因为他们把家建在岛上，躲开了大陆上的大规模混血。正因为如此，他们被认为是东南亚在

[1] 尼格利陀人（Negritos），名称来源于西班牙文，意为“小黑人”。东南亚古老民族之一。——编者注

前蒙古人种时代的“活化石”。许多人类学家，特别是澳大利亚国立大学的彼得·贝尔伍德（Peter Bellwood）提出假设说，6 000 年前的东南亚人口主要由狩猎-采集者组成，与现代尼格利陀人非常相似。在过去的几千年里，除了生活在丛林深处的小群落或像安达曼人那样生活在偏远岛屿上的小群体外，来自东北亚的移民已经抹去了这些早期东南亚人的印记。

因此，Y 染色体和 mtDNA 都清楚地描绘出了人类从非洲到东南亚，然后再到澳大利亚的海岸线跳跃前进的清晰画面。遗传数据推导出的日期和最早的考古学证据，都表明了现代人的环球旅行与人类对澳大利亚的占领是同步的。DNA 给我们提供了这次旅行的珍贵一瞥，我们几乎可以肯定他们走的是一条穿越印度的沿海通道。但是这一路能发现有关这次旅行的考古学痕迹吗？

锡兰之泳

要回答上文提出的问题，需要回到之前的约会话题，尤其是澳大利亚的考古发现。迄今为止，在澳大利亚还不曾发现其他原始人存在的证据，直立人虽然生活在离这里数百千米远的爪哇，但他们没法穿越澳大利亚与东南亚之间大片的开阔洋面。智人是在澳大利亚发现的唯一人类物种。在这里，任何人类占领的痕迹都会相当醒目。阿纳姆地出土的石器只有一个源头——我们。如果放射性测量法测定这些石器有五六万年的历史，紧接着遗传数据显示我们的祖先那时还在非洲，这就意味着现代人肯定利用了一条能够快速移动的路线。沿海的“超级高速路”似乎是最有可能的。

然而，正如我们所看到的，沿着这条路线还有生活在海滩上的其他原始人。他们也制造石器，这些石器在欧亚大陆各地都有发现。直立人活动的范围最东是爪哇，他们甚至有可能在四五万年前还存在着，足以让沿海移民在向印度尼西亚群岛移动时遇到他们。很显然，如果不是在之前，那就是在现代智人到来后不久，他们就几近灭绝了。目前尚不确定的是，是否是我们主动迫使他们出局的。我们将在随后对欧洲情况的讨论中更详细地探讨这类种族灭绝的情况。

就如同我们能够通过骨头的规格和形状辨识出这些灭绝的原始人，我们也可以辨认出有着他们独特风格的工具及其他制品。这里我想拿美国文化的符号，可口可乐包装瓶在 20 世纪的进化过程来做个类比。在 20 世纪 70 年代以前，这些瓶子都是 8 盎司装的玻璃雕塑品，曲线外形让人想起 20 世纪 50 年代的冷饮柜或者是露天售卖机。20 世纪 70 年代的时候，超级市场引进了容量更大但重量更轻的塑料瓶，但保留了与过去老版相似的沙漏的形状。到了 20 世纪 80 年代，可乐瓶的曲线被放弃，取而代之的是现在所有饮料制造商都使用的标准的、曲线平坦的塑料瓶。新款式已经很普遍，仅在尺寸上有点差别，在英国和美国通常是 2 升装，但在欧洲大陆常见的是稍精致的 1.5 升装。尽管如此，新款式已经完全占领了市场。

所有的人类工具，从锤子到刀，到枪，再到煎锅，都可以看到一种普遍形式最终胜出的现象。随着时间的推移，一切都在不断发展，最有效的形式会得到最广泛的应用。然后，它很快就在各种形式中居于主导地位，最终让人们想不起以前使用过的工具的模样。甚至在全球化时代之前，世界上就已经有了主宰一切的“杀手级应用”（killer apps）。五六万年前，众多“杀手级应用”组合成一种被称为晚石器时代［Late Stone Age，更专业的术语是上旧石器时代（Upper Palaeolithic）］的普遍的文化现象。上旧石器时代的工具标志着与之前时代使用的工具的根本决裂，它们也是解剖学上的现代人类存在的明确证据，而直立人或尼安德特人正相反，他们被困在中旧石器时代（Middle Palaeolithic）的时间扭曲之中。

在下一章我们将会详述有关中旧石器时代向上旧石器时代转型的细节。但是，为了讲好我们澳大利亚的海岸定居者的故事，还是有必要说一下，最早的上旧石器时代工具的出现，事实上标志着现代人类向其他地理区域的最早移民。这也是为什么印度会显得比较特殊，因为那儿事实上并没有多少上旧石器时代的证据。向上旧石器时代转型的人类遗留物也基本没有，但是，至少还能找到丰富的来自更早时期的工具。一直以来，上旧石器时代在这儿似乎无迹可寻，直到最近不久，这种局面才被打破。但是，即便如此，这些东西也都出土于一个让我们始料不及的地方。

斯里兰卡的法显洞[1]为我们提供了印度次大陆旧石器时代的最早的痕迹。然而，日期依然是个问题，最早明确的是现代人制作的手工制品的年代可追溯到 3.1 万年前。附近的巴塔多姆巴莱娜（Batadomba Lena）洞穴出土了解剖学上的现代人类最早的骨骼，时间也大致可以追溯到 3 万年前。年代和地点的结合为我们寻找现代人沿海迁徙的痕迹提供了两条线索。首先，斯里兰卡的洞穴表明，最早的现代人类是从南方到达印度的，而不是通过更为明显的内陆路线从北方来到这里的。这意味着他们生活在海岸上，符合早期沿海迁徙的理论。

日期给出的第二条线索，就是巴塔多姆巴人不可能是澳大利亚人的祖先，因为他们生活的时代比有考证的最早居住在阿纳姆地（Arnhem

[1] 法显洞（FA Hien）是一个位于斯里兰卡西部省卡卢特勒区的一个洞穴。中国僧人法显曾于 5 世纪停留斯里兰卡。据说法显曾在此洞穴中停留，故此洞穴名为法显洞。法显洞是一个重要的考古地点，考古人员在 20 世纪 60 年代与 20 世纪 80 年代发现了更新世晚期的人类遗骸和细石器。

Land）的人类晚了2万年。至于另一个“真的棘手”的问题，也许那些居于已发掘的考古层之下的地层，将为我们提供现代人类存在的更早的证据。但就目前的情况而言，巴塔多姆巴莱娜的历史不够悠久，无法在我们的旅程中帮助我们。事实上，在通往澳大利亚（Oz[1]）的整个海岸路线上都发现了这些“迟到”的痕迹。例如，在泰国，郎龙连（Lang Rongrien）山洞的出土证据表明，现代人类在将近3.7万年前到了这里，但不会比这更早。随着我们离案发现场越来越近，日期就变得越来越古老了，新几内亚东部休恩半岛的Bobongara就出土了4万多年前的上旧石器时代的石制工具。这将是我们旅程的最后一块垫脚石。但仍然没有什么发现能够接近距今5万至6万年这个现代人类在澳大利亚定居的日期。因此，尽管遗传模式追踪出了一条早期的走出非洲的沿海通道，但考古结果却让我们失望了。我们沿海高速路的证据去哪儿了？

很不幸我们不知道，但有另外一种可能成立的假设。由于今天几乎所有的考古工作都是在陆地上进行的，我们可能错过了隐藏在水下的文物。你可能会说：“无稽之谈，亚特兰蒂斯就是个传说！”这种说法既对又错。虽然整个文明灾难性地没入海洋的证据相当之稀少，但有一点是肯定的，那就是海平面的波动非常显著，尽管是在10万年间逐渐发生的。5万年前的海平面比今天低了大约100米，因为北半球不断膨胀的冰层中积聚了大量的水分。这听起来可能不是个多大的数字，但请记住，我们对深度并不像我们对海平面波动引发的地表裸露面积的增加那样有兴趣。由于这些大陆是以平缓的坡度没入海水的，所以相差100米就可以使陆地面积发生巨大的变化。例如，这个量级的海

[1] Oz是澳大利亚的简称。——编者注

平面下降将使印度西海岸的土地向西延伸200千米。斯里兰卡和印度将通过陆桥相连。波斯湾和泰国湾将成为肥沃的三角洲流域。而澳大利亚和新几内亚将成为同一块大陆的两个球状尾端。总而言之，5万年前的沿海线路和现在是不一样的。

离现在最近的一次海平面上升意味着，如果古代的沿海航行者主要依赖海洋提供的资源生活，那他们当时的居住地现在应该在水下。欧亚大陆的Y染色体模式表明，我们的M130海岸标记主要分布在这块大陆的南部和东部。此外，南部的M130染色体似乎比在偏北地区发现的染色体更古老，暗示着源自热带的迁徙之路的先后顺序。这些结果，加上现今沿海高速路上直到4万年前才有现代人类占领的考古证据，表明了早期的沿海移民并没有远离海洋。由于适应了沿海地区的生活方式，这批冲浪者并没有深入内陆进行殖民入侵。知道了这一点，对于正在寻找最早的印第安人的考古学家来说，寻找戴水肺的印第安人比寻找戴遮阳帽的印第安人更靠谱。在这块次大陆上，最早的上旧石器时代的工具很可能会在数千年堆积的沙土和生长的珊瑚下被发现。

澳大利亚的阿勒山[1]

劳拉是昆士兰凯恩斯西北300千米处的一个小镇，以两件事闻名。它曾经是约克角城金矿业的地区总部，由此可以看出欧洲人在那里殖民的野蛮性。这地方对当地的原住民来说很重要，它是原住民节日庆典和劳拉文化艺术节的举办地。原住民节日庆典和劳拉文化艺术节在镇郊外围一个大型场地每两年举办一次。令人震惊的是，举办这个重大的

[1] 阿勒山（Ararat Mount），位于土耳其东部。又译“亚拉腊”，系《圣经》所载大洪水后挪亚方舟停靠处。

国际节日的地方，居然到现在还没有一条可以连接世界其他地方的路，但在旁边却建有一座代表殖民地剥削的标志性建筑。之所以选择劳拉，是因为它是几个原住民神圣遗址的集中地，城镇周围的巨石上刻画着超过 1.5 万年历史的精细艺术绘画。这些艺术由两个被称为昆坎的灵魂守护，即蒂马拉（Timara）和印吉姆（Imjim），他们展现出一种集体意识。蒂马拉是两个昆坎中比较邪恶的一个，他的职责是控制人口，而长有一个球根状阴茎的印吉姆更淘气，喜欢恶作剧。

昆坎及其古老的血统证明了原住民对他们居住的土地的强烈情感。他们的歌曲追溯了整个古老旅程的沿途景观，提供了一种可以追溯到人类最早时期的谱系联结。同世界各地的其他原住民一样，当地原住民相信他们一直生活在他们的土地上。他们甚至还引用了科学家对人类进入该地日期的不断更新的估计，在过去的半个世纪里，这个日期从早期的几千年前渐渐增加到今天的 6 万年前。尽管每种测定时间的方法手段都会有偏差，但是自从新的年代测定法被应用于澳大利亚史前史研究后，极大地拓展了人类进入澳大利亚的历史。正如我们随后会知道的，能证明现代人类进入欧洲的证据不会早于 4 万年前，这意味着澳大利亚原住民与他们的家园有着更古老的联系，比过去 200 年殖民他们大陆的欧洲人要古老得多。

尽管基因清楚地表明，澳大利亚人和今天所有活着的人一样，其祖先源自非洲，但居住在凯恩斯市的原住民艺术家格雷格·辛格（Greg Singh）认为，了解了澳大利亚和非洲之间的遗传关联后，可以说，全部人类实际上都是从澳大利亚走出去的。他声称，如同放射性碳素断代让位于热释光测年法一样，如果对遗传数据进行再检测的话，将为澳大利亚在世界遗传史前传中的核心地位提供证据。这显然是不可能的。我们这个物种的起源地是非洲，这是明确的。但是我们也可以问，走出非洲的线路是否带我们来到澳大利亚，把澳大利亚划定为拓殖世界之前的最早的领土，就像是某种史前的阿勒山？海岸通道是否是全球定居的中途换乘站？如果非洲是第一站，我们后续旅程的主要渠道就一定是澳大利亚或南亚吗？

为了找到这个问题的答案，我们必须回到非洲，寻找人类遗传多样性的另一条主线。

第五章

突飞猛进

语言是思想的外衣。

——塞缪尔·约翰逊（Samuel Johnson），

《诗人传》（*Lives of the English Poets*）

我的Y染色体为M173标记所定义。这意味着在历史的某个时间点上，曾经有一个人，一个男人，他的Y染色体的核苷酸序列在某个位点发生了从A到C的变化。我们也可以根据这个标记，将这个男人命名为M173。他所有的儿子都会携带着这个标识着他们是他雄性继承人的独一无二的标记。这些后代又相应地把这个标记传给自己的儿子，随着时间流逝，它的数量日渐扩展。而今，在欧洲西部，M173在人群中相当常见，那也是我的男性先祖出生的地方。在英格兰南部超过70%的男人都带有这个标记。这表明我们所有人都拥有一个共同的年代较近的先祖。但是，这并不意味着M173是我身上携带着的唯一标记，如果要及时追溯我的基因谱系的话，我身上还携带有其他标记，比如被称为M9和M89的多态性，每一个都意味着在我的Y染色体序列的不同位置上发生过独特变动。我身上也同时携带着M168的标记，

小亚细亚
里 海
底格里斯河
幼发拉底河
扎格罗斯山脉
伊朗高原
地 中 海
死 海
苏伊士湾
亚喀巴湾
波斯湾
尼罗河
阿拉伯半岛
红 海
提贝斯提高原
撒 哈 拉 沙 漠
青尼罗河
白尼罗河
曼德海峡
亚丁湾
埃塞俄比亚高原
东非大裂谷
图尔卡纳湖
基奥加湖
艾伯特湖
肯尼亚山
维多利亚湖

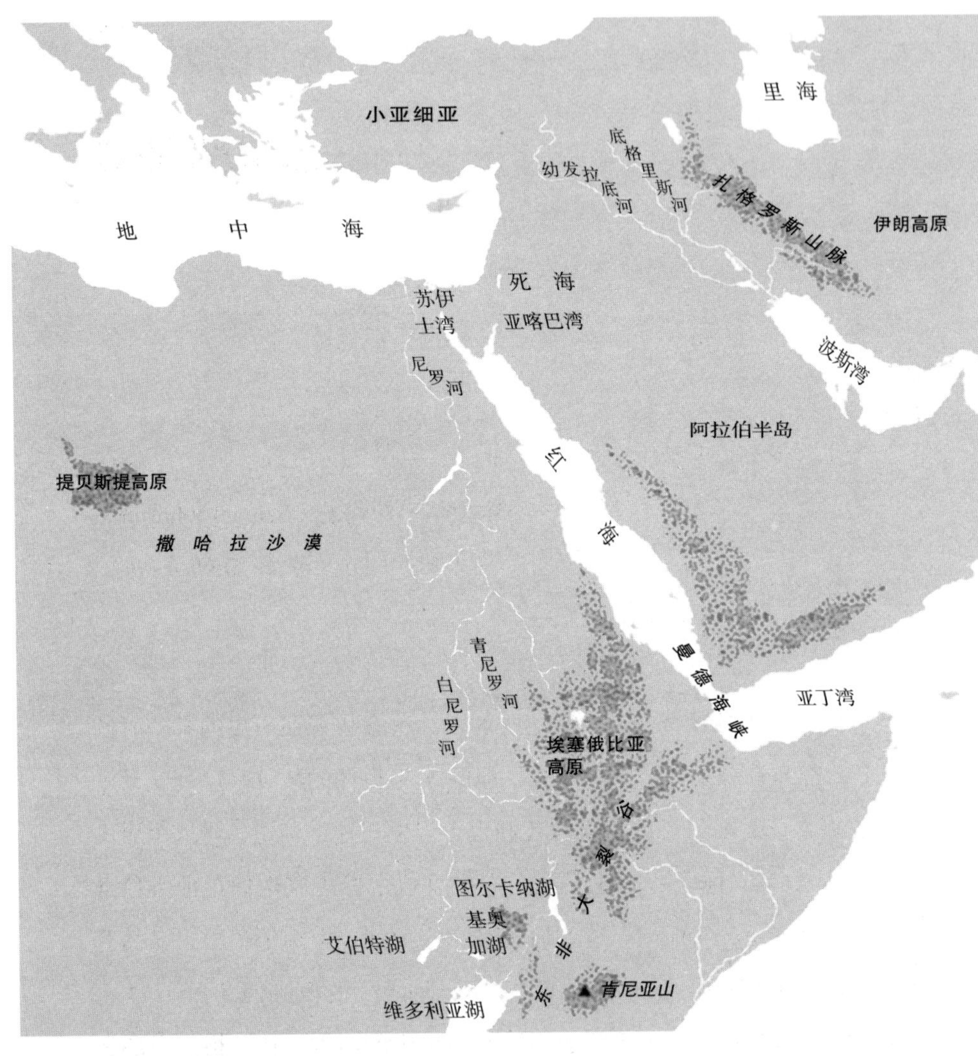

地图 2 东北非及中东

它表明我的祖先，应该也是生活在 5 万年前左右的非洲的欧亚人中的一分子。这些不同标记的出现顺序，不仅有助于回溯我的先祖们在过去 5 万年来辗转到不列颠群岛的漫长历史，而且也揭示出地球上不同人群间令人着迷的关联性。当然，这种情况同样也适用于每一个男人。这有点像把父母传给我们的普罗旺斯鱼汤配方拆解成不同的组成成分，通过分析每一个成分变动的来龙去脉，我们可以一代代回溯到这个配方表的最原始的版本——那锅最原初的非洲汤。

在先前的章节里我们可以看到，M130 这个常染色体标记出现在澳大利亚绝大多数男人身上。在将这个标记回溯到非洲起源地的过程中，我们甚至能够将它推导到 M168，欧亚人种的亚当，和我拥有共同的祖先。M130 有限的人口分布反映了它在离开非洲后沿着大陆南部边缘游走的路线，留下这段饶有兴味的出走非洲之旅的痕迹。但他们中间是否也有携带着 M89 标记的男人？在我的基因组序列中，这个标记位居第二。人类进入欧亚大陆的历史是否就开启自 5 万年前的亚洲南部海滩？

在我们开始详细分析由 M89，这个绝大多数非-非洲人 Y 染色体谱系的祖先，启动这锅欧亚汤配方从而正式回答这个问题之前，我们不得不先问一个更为至关重要的问题：如果确实像所有的考古学证据所支持的那样，现代人类出现在 15 万年前的非洲，那么为什么他们在走出非洲之前会逗留这么长的时间？

心灵体操

在东部非洲一无遮挡的热带大草原上，日头西沉，气温急速下降。与狩猎团队的其他成员合力捕杀了一头跛腿的瞪羚之后，你终于不再战栗得那么厉害，全部落今天晚上又可以美餐一顿了。回到营地，人们操着简单的石质切割器分解着猎物。这种切割器一面光滑锋利，另一面则钝钝的，便于抓握，被当今的人类学家归类为穆斯特式（Mousterian，旧石器时代中期）工具，简单实用。你熟练地把猎物骨头上的筋剔了下来，然后很快就放松地在篝火边坐下来，看着火焰一点点舔熟架在篝火上方的羚羊肉。肉食的香味引来了附近的鬣狗，它们在营地周围嚎叫着逡巡不去。在鬣狗的嚎叫声里，你开始思索这几个小时发生的其他事情。

回味白天的猎捕过程，你不由得再一次为自己的走运而心怀感激。毕竟草原上的动物群日渐稀疏。当然，你不会知道，非洲的气候已经变得越来越干燥，这些兽群仰赖的食物资源再也不像以前那么唾手可得。晚餐过后，你的配偶把你的儿子给你抱了过来。尽管这个孩子健壮无比，但是他让你多少有些心烦意乱。他看上去和其他的孩子太不一样。他才两岁就已经学会了说话，而其他的孩子至少要长到 3 岁才能说话。

在制作小物件这件事情上，你的儿子似乎也比部落里的其他孩子更有天分，他还喜欢用营地周围散布的小石子碎片玩游戏。看上去他比部落其他孩子更情绪化，经常大发脾气让其他部落成员不知如何是好。然而，最奇怪的是，他开始在尘土上比画那些和你带回营地的猎物相仿的形状。你为此惊恐万分，每次只要看到总会迅速抹掉。部落里的其他人当然也注意到了这点，对于这孩子的古怪行为，部落人开始窃窃私语。

时光流逝，在你的儿子长大以后，你开始教他捕猎，教他制作简单工具。但是他的知识很快就超过了你的。他看上去拥有能够预知动物举动的不可思议的能力，这使他成为部落里的公众人物，尽管他举止怪异。于是，在很早的时候，也就 15 岁左右，他就成为你这小小族群公认的领导者。在他的庇护下，你的部落得以吃饱喝足，日渐壮大。他有很多的孩子，他们看上去比这个群体中的其他人更为聪明。于是，在几代之后，这个部落所有的成员都可以把自己的祖先追溯到他那里。他于是成为这个群体的“图腾祖先”（totemic ancestor）——开创者——他的每个后代都是这个群体的一员。那些拒绝接受与动物行为相关的“神秘”知识和有利于打猎的更高的工具制造技术的部落，不是主动搬走，就是被聪明人领导的部落的突袭冲散了。在部落间的冲突中，征服者们掳掠妇人，把她们充实到自己的部落结构中以壮大队伍，而男人们通常被杀掉或者驱逐。很快就有太多同一个部落的成员生活在狭小的区域内，食物的问题令部落内部争端不断，一些年轻的男人带着他们的配偶离开，另寻他地。在接下来的几千年间，这一过程不断地重复，直到最终这个区域内的每个人都能够把自己的起源归结到最初那个聪明人身上。

我刚才描述的这个过程可能曾经在 6 万至 7 万年之前的非洲上演。这仅仅是改变人类进化过程的一个偶然事件。同很多历史事件一样，这有赖于天时地利人和——这三者对于变革火花的出现缺一不可。但是事物的发生确乎如此吗？

最简洁的回答是我们不知道。人类学有个术语“大跃进”（Great Leap Forward），由人类学家贾雷德·戴蒙德（Jared Diamond）最早使用，借用自毛泽东在 20 世纪 50 年代提出的中国工业化计划。人类学家们用这个术语来描述 5 万至 7 万年前的上旧石器时代突然出现的急剧的技术进步。这些“杀手级应用”，正如我们在上述章节中提到的那样，标志着和以往时代的生活方式的彻底决裂，值得好好探究。究竟是什么引发了人类行为如此显著的变化？

理查德·克莱因（Richard Klein），人类学大跃进理论最坚定的支持者之一，引述了在这一时期发生的考古学发现的三大转变（shift）：首先，人类使用的工具变得更多元化，而且对石头和其他材料的使用更高效；其次，艺术开始呈现出最初的面貌，我们假定人类飞跃性地有了抽象概念；最后，正是在这段时间，人们开始以一种更有效的方式开发食物来源。总而言之，这一切证据都指向人类行为的巨大变化。克莱因认为其根本原因在于我们的基因。

他声称，我们所见的这些上旧石器时代开端的迹象，只有在人类开发出更高效的交流方式的前提下才能出现。在这句话里，他暗示上旧石器时代的开端意味着有着丰富语法和多维表达方式的现代语言的起源。语言技巧的勃兴被绝大多数的人类学家视为社会进一步发展的关键性先决条件。复杂社会网络的形成毫无疑问正是引爆上旧石器时代人类行为变革的火花。克莱因相信，这一切之所以发生，是因为一次遗传变异引发的人类大脑连线方式的变化。

通过观察现代儿童，我们能够对这种变化的发生过程有一些深入的了解。活跃在 20 世纪中期的瑞士心理学家让·皮亚杰（Jean Piaget）提出了一套关于儿童发展的详尽的理论框架。这套理论包括从对客体的具体认知到对客体间关系的逐渐发展起来的更为复杂的理解。在思维发展的早期阶段，婴幼儿认知力的发展主要是致力于把真实世界的客观存在（比如瓶子、发声玩具或者爸爸的脸）通过行为适应，来整合成为一个更为复杂的认知系统（比如当看到爸爸的脸的时候，我通常会得到一个瓶子，有时候会是一个发声玩具）。这听上去很复杂，但是它确实有助于解释婴幼儿用来与周遭世界互动的这种不断试错的认知方式。这种方式也为获得语言技能这个人类最特别的行为提供了理解的框架。

婴幼儿最早的语言发展是从“babbling”这种从舌上滚过的随机发

声开始的。到了 12 个月大的时候，这些无意义的音节开始让位于那些有实际意义的词汇。很多心理学家和语言学家认为，孩子们最开始学会说的那些最简单的词语，比如“爸爸”“妈妈”，是被植入人类发声器官的基因程序，因为它普遍存在于人类所有的语言之中，这说明其背后一定有种规律性的东西存在。美国语言学家梅里特·鲁伦（Merritt Ruhlen）把这种普遍存在的现象视为全人类语言共同源头的进化遗留物——几万年前人类使用的原初语言留下的痕迹，而非一个被预先编程的自动机制的副产品。这两种说法各有侧重，但很有可能的是，这些基础音节之所以能够被最早的人类语言征用，是因为它们是我们的发声器官发出来的最最基础的声音组合。

这种无意识发音和重复简单词汇的状态会再持续一年，与此同步的是婴幼儿的词汇量的极大扩展。在这个过程中，最早由两个词组成的句子开始出现，孩子们把不同的词语联系在一起形成一个有意义的从句。我的大女儿玛戈在这个阶段开始会说“玛戈亲亲”“妈妈抱抱”这样的句子。然后，在将近 2 岁的时候，婴幼儿的口语表达出现了长足进步。在这个年龄段，绝大多数的孩子开始把三个词组合成为复杂的句子——比如“玛戈亲爸爸”，而不是简单的“玛戈亲亲”或是“亲亲爸爸”，这些句子拥有在英语和其他大部分语言中存在的主语-动词谓语-宾语（SVO）的语法结构。SOV 的语法结构（玛戈爸爸亲）散见于诸如日语、汉语和藏语之类的语言中。VSO 和 VOS 的结构则散见于将近 15% 的人类语言中（威尔士语是前者的代表，马尔加什语则是后者的代表）。最为鲜见的语言结构是 OSV，这种结构最广为人知的例子也许是电影《星球大战之帝国反击战》里尤达大师的那句“病我生了”（Sick have I become）。这种语法只在巴西的亚马孙地区有很少一部分人使用。

从这些语法的多样性中我们能够推导出来的一个重要事实是，句子中词语的排列顺序对于我们理解句子具有重要意义。正如一个古老的谚语所说的，“狗咬人”再普通不过，“人咬狗”却深具新闻价值。

这样看来，孩子们在2岁大的时候出现的语言复杂性的爆发性增长是掌握语法的必然结果。从那时起，孩子们就进入持续的学习状态，再复杂的句子也不在话下。理解力上的飞跃，意味着跨越了语法障碍——如果不掌握语法的话，其他的也就无从谈起。这在教黑猩猩使用美式手势语这件事上展现得比较清楚。坎济（Kanzi）是一只倭黑猩猩，它能够使用和理解为数不少的两个词构成的简短句子，理解能力就像一个18个月大的人类幼儿。但它没法掌握两岁孩子说话时使用的复杂语法结构。人类和猿类在沟通能力上的差异看来是大脑构造导致的，特定的大脑结构使得我们可以理解语法，进而进行复杂的交流沟通。

要想理解这背后的原因，让我们再进行另一种尝试。想象你被抛弃到一个遥远小岛上的一个部落里，周围人使用的语言对你来说如同天书一般。这些语言和你的母语没有任何相似之处。你的目标是确定自己身处何方，该如何回家。这种情况下你会怎么做？一开始，你有可能会使用一些婴幼儿阶段发展起来的试错技巧去进行沟通，重点关注那些单独的名词或者是动词。比如说，当指着一棵树的时候，你会以质疑的方式扬起眉梢，依赖这种全人类通用的面部表情符号（这些表情也许本身就是复杂语言发展起来之前那段时间的进化遗留物）。很快你就能够学会足够多的词，也能使用一些诸如“我在喝水”“现在吃吧”等基本句子。最终的飞跃表现在能够使用那些可以传递更为丰富的信息的句子，而这些信息，单靠使用单个的名词或是动词没法做到。当有一天你为你自己终于能够使用“我要回家”这样的2岁孩子就能掌握的表达而感到高兴时，这些原住民终于恍然大悟，他们会将你带到岛屿的另外一边，那里有飞机跑道，你可以搭乘飞机回家。

这一幕幕困难事件的剧情想象，表明了人类交流行为中语法的重要性，同时也有助于我们理解为什么这对于我们的先祖而言会是飞跃性的进步。但是，它没法解释究竟是什么原因导致了它的产生。如果人类和猿类之间的智力鸿沟确实是语法这个难以跨越的分野的话，那么我们就需要问一个问题，为什么这种飞跃出现在我们人类的祖先身上，而不是出现在黑猩猩和大猩猩的祖先身上？再一次回到人类早期行为学研究，我们可以得到若干启示。根据休·萨维奇–鲁姆博夫（Sue Savage-Rumbaugh）的研究，阻止黑猩猩发展出复杂语法能力的因素之一是有限的短期记忆。要理解一个复杂句子的意思，你必须在读到句子结尾时还记得起句子的开头以便形成一个整合性的理解。也许对于“人咬狗”这样的说法，这一点都不难，但如果是德语复杂的过去时结构，那就有些困难了，因为句子的谓语动词通常放在了最后！有限的短期记忆很有可能就是造成黑猩猩只能掌握极少的语言技能的根本原因。

我们的猿类远亲没有进化出和人类相当的短期记忆也许和它们的生活方式不无关联。我们的所有类人猿亲戚都生活在森林里，至少部分生活在树上。而与此同时，我们的祖先明显在几百万年前就放弃了树上的生活。南方古猿已经能够直立行走，这是一种在无树的环境下才有意义的进化。非洲原始的自然生态构成有着与森林接壤的幅员辽阔的草原地带，这对于刚从树上下到地面生活的原始人来说是个得天独厚的栖息之所。正是这离开树梢的飞跃推动了人类的进化，并最终让人类迎来语法和现代语言的诞生。

绝大多数的人类学家现在开始接受这种说法，即早期原始人类在发展出更高的脑容量之前已经开始直立行走。如同雷蒙德·达特发现的汤恩小孩（Taung Baby），这些最早的人类祖先的大脑容量和猿类大致相当，但是已经出现意味着直立行走的骨骼改变。在一个树木稀少的环境中，直立行走带来的优势显而易见：站得更高（这意味着视野更为开阔），更便于穿越大陆和解放双手来使用工具。但如果生存主要依赖于在森林里从一根树枝荡到另一根树枝，上述这些优势没有一个有意义。正如俗话所说，需求是发明之母，这毫无疑问是进化的要义所在。但是，最初究竟是什么把我们驱赶到草原上呢？

过去1 000万年来，非洲大森林历经阶段性气候变迁的几度浩劫。低降水量造成森林面积的大幅度缩减。距今五六百万年间的一次干旱尤为严重，以至于地中海消失，而且对非洲的气候也产生了意义非同小可的影响。在这个漫长的干旱期，一些树居的猿类开始向森林的边缘移动，以利用草原上的可用资源。如果说安居在森林中的猿类是采集者的话（尽管黑猩猩偶尔也会杀掉一些猴子来吃，但是它们食谱中最主要的内容还是水果和昆虫），这些转移到草原上生活的，就不得不成为猎食者。这是因为对于为数众多的原始人来说，在大草原上难以仅仅依靠采集维持生存——因为植物和昆虫根本提供不了足够的营养。而动物，尤其是哺乳类动物，能够提供蛋白质丰富的高热量饮食。因此，有可能正是在大草原上猎杀哺乳类动物的必然，和躲开其他大型食肉动物攻击的需要，驱动了人类大脑的发展。

如果你把生活想象成一盘棋的话，大脑进化的起因和后续的影响变得意味深长。当所处的时代相对比较友好，环境也比较恒定的话，这盘棋下起来会比较轻松，即使你的伙伴脑子都不大灵光。如果有些饿的话，你可以找到一些水果或者是用一根草茎把白蚁从洞里引出来充饥。森林里的生活就像这样简单无比，日复一日。一旦森林遭到破坏，很多物种就会灭绝，原因在于它们不能适应新的环境——因为它们过于依赖原来的生活环境。红毛猩猩高度适应了东南亚的雨林生活，对于森林被毁后的刀耕火种的土地不知如何应付。一旦日子变得更为艰难，环境大变，你必须预期你下一步的行动——这盘棋就变得非常具有挑战性。这也许就是人类繁荣的原因所在，因为我们这个物种原本就出生在一个游移不定的变化着的环境所带来的严酷考验中。简而言之，我们在生物学上就是为适应（环境）而生的。尽管其他动物有着复杂的机体适应能力，我们有的只是我们的心智，但我们的适应是以行为改变的形式出现的。

复杂文化的发展是拥有高度适应性心智的必然结果之一。最初也许是作为合作狩猎技术的延伸，这对智力和社会互动的要求尤其高，逐渐地，人类文化超越实际需要的层面而向艺术、科学、语言和其他所有被认为是“人类”生活的必不可少的内容进军。尽管我们并非最早展现出这种非凡文化适应能力的原始人，但是我们确实将这种适应能力发挥到了极致。举例说，有证据表明尼安德特人对老弱病残者进行集中照顾；在今天乌兹别克斯坦特锡克塔什的尼安德特人文化遗址，一个尼安德特小孩身边被放置了一圈山羊角，这种仪式化的葬礼安排反映了尼安德特人对于自身在世界中的位置初具层次的深层概念化理解。但是，正是这个被定义为“智人”的物种所拥有的独树一帜且远胜于其他任何物种的复杂文化，最终让我们变成现在的我们。如果没有这种文化的早期萌动，我们的灵长类祖先根本就不可能跨越非洲森林的边缘地带进入草原生活。如果没有这一撒手锏，我们也不可能在 5 万年前离开非洲进入欧亚地带后在遇到的种种挑战中幸存下来。

细菌汤

当我们把 1 个细菌放到营养丰富的培养基里，我们会看到这个细菌会从 1 个分裂为 2 个，然后 4 个，8 个，没完没了，最后有意思的事情就发生了。正如我们前面谈到过的，DNA 无时无刻不在复制和再生产，在这个过程中会产生一些被称为突变的随机错误。它们会被当作自然而然产生的汤谱配方变化传递到下一代身上。在对细菌进行归类时我们能够看到同样的模式。因而，在我们那锅快速增殖的细菌汤里，作为发生在基因组上的细小变化累积的结果，我们会看到一个独一无二的基因谱系逐渐成形。如果我们只是在几代分裂发生后就从这锅细菌群里挑选出一个 DNA 序列样本加以观察，我们能够清楚看到它们之间没有太多不同。但是，一旦这些细菌分裂上百代（对于细菌来说也就是一两天的事），我们就能看到巨大差异的产生。正如祖卡坎德尔和鲍林在研究蛋白质进化时得出的结论，群体延续的时间越长，我们能够看到的变异就越多。简而言之，从历时更长的细菌群体里随机选出来的两个样本之间存在的基因差异，远比从历时更短的菌群里挑出来的多。

我们适才以细菌汤这个实验为例来详述在任何以指数方式增长的群体中发生的事情，每一子代的数量都会比上一代翻番。最明显的是，这些群体的规模增长极为迅速，如果我们放任这些细菌分裂而不加以限制的话，它们能够铺满整个星球。所以，对于我们的故事来说，至关重要的一点在于，之所以会出现群体规模的爆炸式扩展，是因为群体中的每个个体都会留下后代。没有谁会在进化长廊中走丢——所有个体都会分裂出子代，子代再分裂出自己的子代，没完没了，永无休止。这对于群体整体的基因构成来说，会产生一个有意思的连锁反应

(knock-on)。

如果要问在这个不断增殖扩大的群体中，平均会有多少种基因差别可以用来区别组成群体的这些细菌，答案取决于这个群体增殖的时间究竟有多长。事实上，在这些不同的细菌个体间确实存在着差异的正态分布 (distribution)。有点像数学课上曾经折磨过我们的钟形曲线。正态分布的平均数 (mean)——样本中不同个体之间差异的平均数——取决于这个群体扩张的时间 (time)，如果我们把这个曲线想象成波浪的话，从左到右的移动意味着越来越多的差异的积累，越靠右的地方 (换句话说，离中点最远的部分)，积累的多样性越多。就像我们比较马和大猩猩的血红蛋白序列，这个曲线从左向右移动的比率是可以预知的，因为变异发生的概率是个常量——我们的分子钟总是在 A 和 C、G 和 T 之间摆动。正是因为这个原因，通过评估正态分布的中位值之所在，也就是这条波浪线的中点，我们可以计算出这个群体呈几何级数增长的时间究竟有多长。现在，也许你会说，这或许会是一次很精彩的大学统计课程的实验室演练，但是和我们之前讨论的话题没有多少关系……除非，我们能够看到这个模式同样适用于其他的有机体。

宾夕法尼亚州立大学人类学家亨利·哈本丁 (Henry Harpending) 和他的同事对人类线粒体 DNA 序列上的基因差异的分布规律进行了严谨细致的分析，发现存在着一个令人兴奋的模式。首先，这些差异的分布——错配分布 (mismatch distribution)，清楚表明了人类群体就像刚才说的细菌一样增长迅速。这是因为在这里我们数据所展示出的曲线像个倒扣的大钟，这意味着人类群体过去曾经有过高速扩张期。在那些规模相对稳定，或是规模缩减的人群中，分布曲线会发生改变，随着时间流逝，这条曲线会变得参差不齐。这是遗传漂变或者说是自然选择带来的基因谱系的不均衡流失造成的。这样的话，就存在着一个

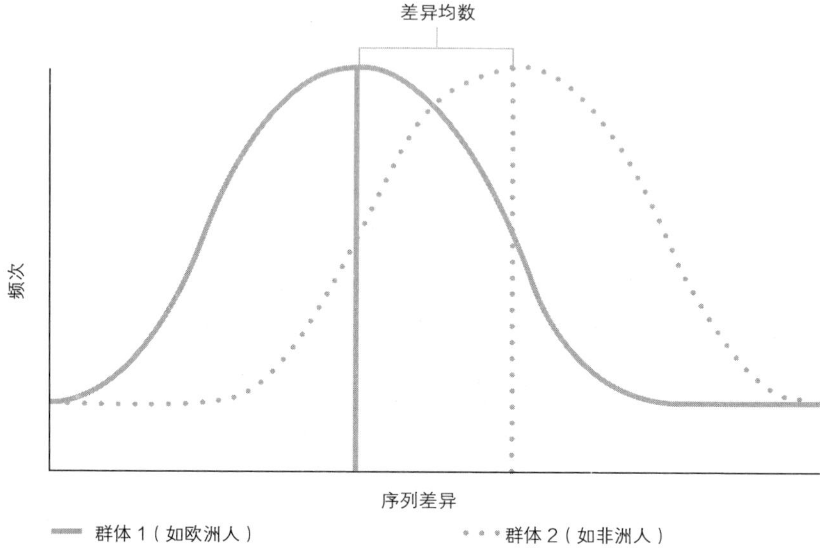

图 5　线粒体 DNA（mtDNA）在两个群体中的错配分布。群体扩张的历史越久，其序列差异的平均数就越高

清楚的基因信号，表明人类曾经有过快速扩张。当哈本丁教授估算出这个扩张的开始期时，一个让人欣喜若狂的结论出现了：差不多就在 5 万年前，和我们对现代人走出非洲的时间的估计大致相当，基本上就是在上旧石器时代的开端。

哈本丁教授和他的同事们检测了从全球 25 个不同群体中收集来的 mtDNA 数据，除了 2 个群体之外，所有这些数据都显示出过去 5 万年来人类呈现几何级增长的证据。而近来有证据表明，那 2 个有着锯齿状分布曲线的群体曾大幅度萎缩。这样的话，我们在分析时就很容易区分出这两种不同种类。甚至更进一步，这些不同群体看上去各自扩张的步调都不太一致。非洲人最早在 6 万年前开始扩张，继之是亚洲人（5

万年前），最后才是欧洲人（3 万年前）。这是一个很让人目瞪口呆的结论。mtDNA 的研究结果和上旧石器时代技术进步的考古学数据高度吻合，先是在非洲，然后在亚洲，最后在欧洲，甚至连时间都一致。看上去，这次“大跃进”在我们的 DNA 里留下了可以追溯“杀手级应用”全球扩张进程的遗传学印迹。它也暗示了另外的一条路线，但是有关这条路线的细节内容不得不等亚当的儿子们来展示。

极致之寒

我从小生活在得克萨斯州的拉伯克，它位于得克萨斯州西北部所谓的“锅柄”地带。在那里人们常常习惯于用时间来指称地理距离。比如，我们会说拉伯克和邻近小镇布朗菲尔德相距近 45 分钟，而不是说 50 英里。这基于这样一个事实，那就是每个人要在这段路上走就得开车，绝大多数开车的人都会把时速控制在 60 英里左右。这就给我们提供了一个距离与时间之间虽然粗糙，但也还说得过去的换算方式。

对于人类历史的大部分时间来说，距离也经常用这种方式来表达。最早，人们会根据行走所需的时间来描述两点之间的距离。写下这些文字的时候，我正坐在东安格利亚的一座房子里，这里离萨德伯里不远，但是如果我要向一位石器时代的祖先描述这段距离，我可能会说它距离伦敦大概需要走 3 天时间。同样，我们那些生活在几万年前的先祖一定是根据穿越所需要的时间和努力来描述他们的活动区域的。卢卡·卡瓦利–斯福尔扎和考古学家阿尔伯特·安默曼（Albert Ammerman）曾经计算过，农业人口向一个新区域挺进的速度基本是每年 1 千米。狩猎–采集者的移动性更强，速度会翻上几番。当然，这是指实实在在的扩张行动本身，因为任何一年内人类行走的总里程数肯定远远大于这个。

不过采集者们每年数英里的平均推进速度是个较为合理的推测，这主要参照了那些生活方式和我们旧石器时代的祖先比较接近的现代狩猎-采集者向新区域进军的平均速度。

基于这种行动速率，从非洲东北部到地处欧亚大陆最远端的白令海峡的穿越之旅需要人类花费好几千年，而今天想要完成这样的旅行只需要一趟航班。从吉布提出发（从阿拉伯半岛穿越亚丁湾），然后在俄罗斯的普罗维杰尼亚着陆，只需要再来一段短途飞行就能到达阿拉斯加。但是在差不多 5 万年前，我们的祖先开启他们的大陆穿越之旅时，没人可以想到一次简单的迁徙会造成如此大的跨越。穿越欧亚大陆的旅程应该是在不知不觉中发生的，所经历的时间需要用不同的时间尺度——代际距离来衡量。这个埋藏于历史深处的钟，随着独立的族群一次次迁徙而滴答作响，也许是为了追逐动物，也许是为了寻找新的水源和植物，也许是为了寻找用来制作工具的石头，还有一些迁移行动是由与其他人类群体的冲突引发的。总而言之，向新版图进发或许是以上种种原因综合作用的结果，当然，也可能是我们今天难以了然的原因。无论导致这被古人类学家克里斯·斯特林格（Chris Stringer）称为“出非洲记”的驱动力为何，这次旅行肯定没法被视为一次穿越大陆的持续努力，而更有可能是逐步扩张的结果，而且这一过程被许多看上去微不足道的地方性决策推动着。这与把牙刷塞进管道的举动无异，在那种情形下，气候兼具胡萝卜和大棒两种角色。留在家里生计多艰，人们不得不外出发展，但是气候变迁也有可能导致在那些遥远地区出现生存所需的新的资源。人类群体就是这样在种种驱力的逼迫下一点点挤过地理“管道”，在成百上千年的推拉角力中，散布到离他们最初的起源地遥不可及的地域。

在我们对驱使早期人类横跨欧亚大陆的原因进行客观描述的同时，

我们也有兴趣用遗传数据去推导这一过程的详尽细节。遗传学已经回答了是何人（非洲人）在何时（5万年前）开启了旅程，对于究竟是为何开启旅程我们也给出了一些解释（环境变迁），但是，我们现在的问题是，我们的祖先在5万多年前究竟是如何实现了进入欧亚大陆的飞跃——他们的迁移路线究竟是什么样的？要回答这个问题，我们需要回到我们的古气候学研究，以弄清楚5万年前的非洲东北部到底是什么样子。

将近7万年前，最后一次冰川时代加速进入深度冻结阶段，全球寒冷异常。这有可能就是这次大跃进的催化剂。气候日益恶劣，生活艰难异常，拥有高智商和复杂社会结构的群体更容易生存下来。在东部非洲，森林面积日渐缩减，取而代之的是树木稀少的大草原或干草原，有蹄类动物资源极为丰富。正是在这些草原地带，人们学会了追踪和打猎，发展出更为复杂的工具制造技巧和社会技巧。生活变得难以置信地积极主动起来，因为人们需要全力以赴去狩猎或采集以得到足够人们存活下来的食物。线粒体DNA钟形曲线的错配分布显示出当时的人们适应得相当之好，以至于在全球变得更冷，生活更难以应付的情况下，人类群体仍然处于扩张状态。

毫无疑问，正是内陆生活的竞争和艰难，以及逐渐减少的水资源和日益增大的捕猎难度，使得一些群体选择生活在海岸线周围。这些人应该是今天的澳大利亚人的祖先，几乎可以肯定，一旦气候条件创造了一个通向欧亚大陆的方便出口，他们就开始沿着南部海岸线离开非洲。在吉布提和今天的也门之间，应该有一条连接东非大峡谷和亚洲南部无尽的海岸线的捷径。

这些在海边生活的人的生活方式相对来说比较平静，因为他们主要依靠从海洋里采集到的食物生活。对于他们来说，生计主要依赖于潮涨潮落之间遗留在潮汐地带的丰富的贝类和其他资源。尽管他们有可能也会打猎，但如果只是停留在近海地带的话，他们宁愿把精力更多地放在海边谋生上。正如我们在前面章节中看到的那样，遗传学和考古学的证据显示出他们在早期阶段并未向内陆深入太多。内陆更多地留给了那些更为骁勇积极的猎人，为了存活下去，猎人们不得不扩大其活动范围，以获得生存必需的资源——动物、植物和水。于是，他们成功地摆脱了海滩，深入欧亚大陆内陆腹地那片未知的蛮荒地带，从而成为实现发展飞跃的那个群体。

生物学上有一个未解之谜：为何温带地区生存着最大型的动物。生态学里存在着被称为伯格曼法则（Bergmann's rule）的观察结论，即动物的大小会随着纬度的增加而增加。尽管这个法则不能适用于一切生物，但是仍然不失为一个好的总结性概括。多毛猛犸象是过去数千年中体型最大的陆生哺乳动物，它们正是生活在欧亚大陆和美洲大陆遥远北端的冻原地带。就海洋而言，寒冷地带的海洋中事实上生活着比温暖地带海洋里多得多的生物体。尽管珊瑚礁里的生物多样性极其丰富，但是，这些有机体群落的总体规模和在地球两极地区发现的相比而言不值一提。例如南北极的海洋拥有这个世界上密集程度最高的浮游生物。这些微不足道的植物和动物却供养着我们这个星球上的体型最大的动物——长着行使过滤器功能的鲸须的须鲸（蓝鲸、长须鲸、大须鲸），经过漫长的进化，它们已经完全依赖于这些不同寻常的食物来源。数千万年前它们还都生活在陆地上，而今你几乎无法从它们身上看出曾在陆地生活的痕迹。

同样，虽然热带雨林哺育着规模巨大的物种群落，但是细究到任何单一物种上，无论是就规模还是密度而言，事实上都非常小和低。不仅如此，正因为所有的营养物质都会被吸附到生物体内，土壤里含的矿物质和有机质事实上相当稀少。实际上，在一片成熟的热带雨林里，从生的灌木并不会阻塞通道，当然这对好莱坞电影里那些千篇一律拿着砍刀开路的探险者另当别论。滥伐森林的悲剧在于，人们只需要短短的几年时间，就能轻而易举地把一个生机勃勃的生态系统变成满目萧然的荒漠。热带环境总是在丰产和死亡的边缘小心翼翼地保持着平衡状态，任何风吹草动都会影响到这种平衡。

另一方面，这个星球更为温和的地带被赋予了更多的自我修复力。在热带雨林里，正如我们看到的那样，物种多样性只是一个小的碎片。可是在这些温带地区，有机体更有能力去应付那些灾难性的环境剧变。这主要归结于温带地区生命体所要经历的兴衰变迁。千万年来，在一种几近无变化的环境条件下，热带气候的稳定性滋养着物种进化（只有地理范围内的多元性）。而在同样的时间里，欧亚大陆的大部分地区曾阶段性地被冰雪覆盖或是退化成为沙漠。这种长时段的气温循环变化事实上也反映在年度天气变化里，并且造就了温带地区的季节变换：蒙古高原干热的夏天在一年中会有几个月让位给裹挟着暴风雪的冬天。正是这种巨大的环境反差使生活在温带地区的动物不得不倚重两个关键的适应方法——储存和迁移。

这种做法和我们的一些生活经历相仿：你或我都会选择舍弃在无休止的购物狂欢中花掉我们辛苦挣来的每一分钱时拥有的瞬间快感，而选择更冷静地考虑把这些钱存下来以备不时之需或是未来养老。习惯于应付艰难时光的动物也会在资源丰足的日子里把部分资源储存起来。与其说这是一种有意识的决定，不如说是一种进化的本能行为——对气象跷跷板的适应。例如，在每一个春天和夏天，北极冻原地带猛然间一派生长和繁殖的狂欢节奏。植物繁荣生长，在将近 10 个月之后冻土层上首次长出嫩芽。蚊子成群移动，像一团嗡嗡作响的吸血的云，吸食着一切可以吸食的东西。生活在北极的哺乳动物，像驯鹿和海象，正经历繁殖的季节。在这个美好的季节，气温陡然上升，比冬天最低温度要高出 100 摄氏度，即便你误以为这遥远的北国是地球上最多产的区域之一也不足为奇——无数的生命，在严冬的北极再度回归万物凋零之前做出最后的拼命一搏。然而，这些生活在北部地带的生物体看似疯狂的行为背后确有逻辑可循。正是在这段时间里，北极所有的物种都在为狂欢的结束做积极准备。这个结束的日子往往会在 9 月上旬如期而至，温度再度跌落零点。没有任何一种热带哺乳动物进化出这种行为：储存脂肪以应付饥荒时日。但是绝大多数的温带物种都会按部就班地储存脂肪或食物。在北极的夏天，驯鹿会增加将近它原体重三分之一的资源储藏，以熬过漫长黑暗的冬天。这使得它们能够在占全年时间将近 70% 的资源稀缺状态下生存下来，也使得它们成为食肉动物垂涎的猎物。

人类在适应东非草原生活的同时，也日渐擅长捕猎那些生活在草原上的大型哺乳动物。其中就包括一些特定种类的羚羊，这些羚羊被称为上旧石器时代的“外卖比萨”。在即将步入上旧石器时代之际，人类行为发生的变化之一，是人类群体在捕猎这件事上变得更为专业化，以预先适应来调整捕猎方法和捕猎用的武器。举例说，放倒一只瞪羚的狩猎技巧，和杀死一头猛犸象或犀牛的技巧全然不同。专业化发展使得有效利用特定区域内的动物资源成为可能，但也可能导致更多的迁徙，当一个区域内的动物群落被赶尽杀绝后，人们不得不向更远的区域移动以寻找新的猎物。人类季节性的游猎行为也差不多在这个时间段出现，有证据显示早期的人类群体追逐着食草动物的群落——主要是羚羊，从地中海和红海周围环绕的小山丘上的夏季牧场，到冬季更为温暖的近海地区。正是这成百上千年来的日益演进的动物们的兴衰起伏，在4.5万年前把这些已经“现代化”了的人类和他们制作的上旧石器时代的工具带到了中东。

现代人类早在至少11万年前就已经在黎凡特一带出现。但是人口始终没有出现过大规模的增长，而且也只局限在几个有限地点。在最后一次冰期的早期阶段，地中海东部简直就是不折不扣的非洲北部的延展，有着类似的气候条件和动物群落。今天以色列的卡夫扎和斯虎尔洞穴遗址，还保存着当时人们捕获到的具有代表性的埃塞俄比亚动物。然后，在8万年前到5万年前之间的这个时间段里，现代人类突然从这些地点消失，再无迹可寻。在某些地区他们被四肢发达、头脑迟钝的尼安德特人取代了。这也给我们一个线索去探究当时在黎凡特地区究竟发生了什么。

从距今8万年开始，气候变得越来越寒冷，地中海东部地区的温度呈直线下降之势。有可能当时全球平均气温下降了差不多10摄氏度，这对地球上动植物的分布造成致命的影响。这些在更为潮湿温暖的时间段里经由埃及和黎凡特地区迁移出非洲的早期现代人类，发现自己再没法依赖过去几千年来猎食的动物为生了。他们有可能死光了，或者也许只是重新回到了非洲，但是看上去他们在往欧亚大陆的腹地深入这件事上并没有什么进展。这些早期的现代人类的活动顶多被视为人类活动在非洲之外的世界的试验性行为——因为根本就进展无多。

接下来，在4.5万年前左右，现代人类又一次出现在了黎凡特地区。而这次和上次有着质的区别。再早4万年的人类还在使用和同时代的尼安德特人相差无几的工具，但这些新来的征服者自带“杀手级应用”。这些人是大跃进最新的继承者和获益者，他们有着和大跃进绑定的先进技术和复杂文化。他们所打造的上旧石器时代的工具和群体狩猎行为，还有被证实了的季节性迁移和捕猎专业化，赋予他们早期现代人所缺乏的锋芒。一旦他们登上历史的舞台，便会在冲向大陆其他地区的道路上一往无前，所向披靡。

既然现代人类闪电般征服欧亚大陆的轨迹已经得到基因图谱的揭示，那么，在这段旅程接下来的部分，我们就可以把这些作为老古董的石头和骨头暂时搁置一边，回到我们的 DNA 挖掘中来。

第六章

主干道

你看，尽你所能地跑，你才能够保持原地不动，要是你还想去别的地方，你至少得跑快一倍！[1]

——刘易斯·卡罗尔（Lewis Carroll），

《镜中奇遇记》（*Through the Looking Glass*）

正如我在上一章开头所提到的，我的Y染色体标记谱系可以归结到被称为M168的DNA多态性那里。M168是生活在非洲以外的所有人的祖先。M168将我与澳大利亚沿海移民联系起来，并追溯到了大约5万年前的非洲。这将所有“非-非洲人”离开非洲的时间立即置于最早的“大跃进”发生之后，暗示着大跃进这一古老的文化革命（ancient cultural revolution）与现代人走出非洲这一迁移行为之间的因果关系。那些留在非洲的人，和那些离开非洲的人，无论是在技术、文化还是艺术方面，都是彻头彻尾的现代人。mtDNA的研究结果表明，人类群体的大规模扩张大约是从这个时候开始的，这与我们在考古记录中

[1] 这是《爱丽丝梦游仙境》第二部《镜中奇遇记》里红皇后对爱丽丝说的一句话。

看到的人类活动范围的扩张相一致。Y 染色体和 mtDNA 数据暗示了两条路线，其中一条路线应该是在五六万年前沿着海岸线到达澳大利亚的。而另一条涉及当今世界人口的绝大部分的路线是如何展开的呢?

在我们开始追踪我的血缘谱系中其他标记的顺序，以及这种顺序对于我们所讲述的故事的重要性之前，我们需要澄清该顺序实际表示的内容。这里有两个问题需要考虑，二者都与时机相关。首先是我们所说的相对时间（relative dating）。要理解相对时间，很有必要回到我们此前虚构的厨房。就像母系和父系的汤谱配方一样，我们所继承的基因配方包含了不同成分，或说是不同的标记物组合，这些成分或标记物将它们与其他人的汤区别开来。要想确定这些成分被调整修正的顺序，我们就需要比较五花八门的食谱配方，然后才可以看到汤的变化模式。所以让我们先来做一些基因烹饪。

想象一下，如果举办一个国际性的晚宴，每个受邀的人都被要求带上一碗专属于他或她自己的国家的汤，那么在我们的厨房里会有几十碗汤摆在餐桌上。每种汤的配方略有不同，但是都来自同一源头。我们怎么能知道这一点呢？因为每种汤谱配方都把黑斑羚当作基本食材，这是一种只出产自非洲的羚羊。在这个世界的其他地区，要想找到黑斑羚的肉是极其困难的，但是它却是这里所有汤谱配方的基材，汤里必须有。

在我们品尝这些汤的时候，我们会察觉到其他的模式。有些肉汤含有黑胡椒，有些肉汤含有盐。这样这些汤便分成了两类，互不兼容，要么是盐，要么是黑胡椒。以盐为主的汤谱中还有许多其他的变种，一些含有鱼，另一些含有大麦，少数带有你没法识别的不同寻常的香料，但它们都可以归结到以盐为主的汤谱类别中来。同样，以黑胡椒为主的汤谱里也会包含很多额外的食材，比如百里香、浆果、猪肉、坚果，但它们毫无例外都可以归结到黑胡椒汤谱类别中。

在这个汤谱游戏中，我们将利用“奥卡姆剃刀”对历史演化的洞察力来推断配料的添加顺序。如果我们假设添加配料的速率是一致的，而且任何配料一旦添加，就成为配方的永久成分，不会有损失或替代的话，那么最常见的配料通常都是最早添加的。这是因为这个顺序可以将用来说明汤谱配方变化所需的变量减少到最小程度。例如，假使我们从摆在桌子上的这些汤中随意抽取五碗作为分析样本，我们会发现它们的配料如下：

* 黑斑羚，芥末，黑胡椒，奶酪，牛至叶
* 黑斑羚，盐，罗甘莓，花生，辣椒
* 黑斑羚，芥末，黑胡椒，蛤蜊，罗勒
* 黑斑羚，黑胡椒，螃蟹，杜松子
* 黑斑羚，盐，百里香，欧芹，猪肉

关于这些配料的添加顺序，我们能有什么发现呢？第一种模式是所有的肉汤里都有黑斑羚。这意味着，我们最有可能做出的解释是，最初的汤中就含有黑斑羚，这比所有厨师在过去的某一时刻都各自独立地决定加入黑斑羚的可能性要大得多。请记住，黑斑羚这种配料只在非洲有，在非洲之外的其他地方很难找到。下一个明显的模式则是我们之前注意到的：一些汤谱配方含有盐，另一些则含有黑胡椒。将黑斑羚放在汤谱配料列表的第一位，是因为它减少了独立且一致的变化的数量。按同样的道理，盐或黑胡椒定义了汤谱的下一个添加项。在此之后，我们看到芥末为两种汤谱所共有，它于是成为继黑胡椒之后又一种添加物。由此，我们从祖先那里得到了一个配料添加顺序：先

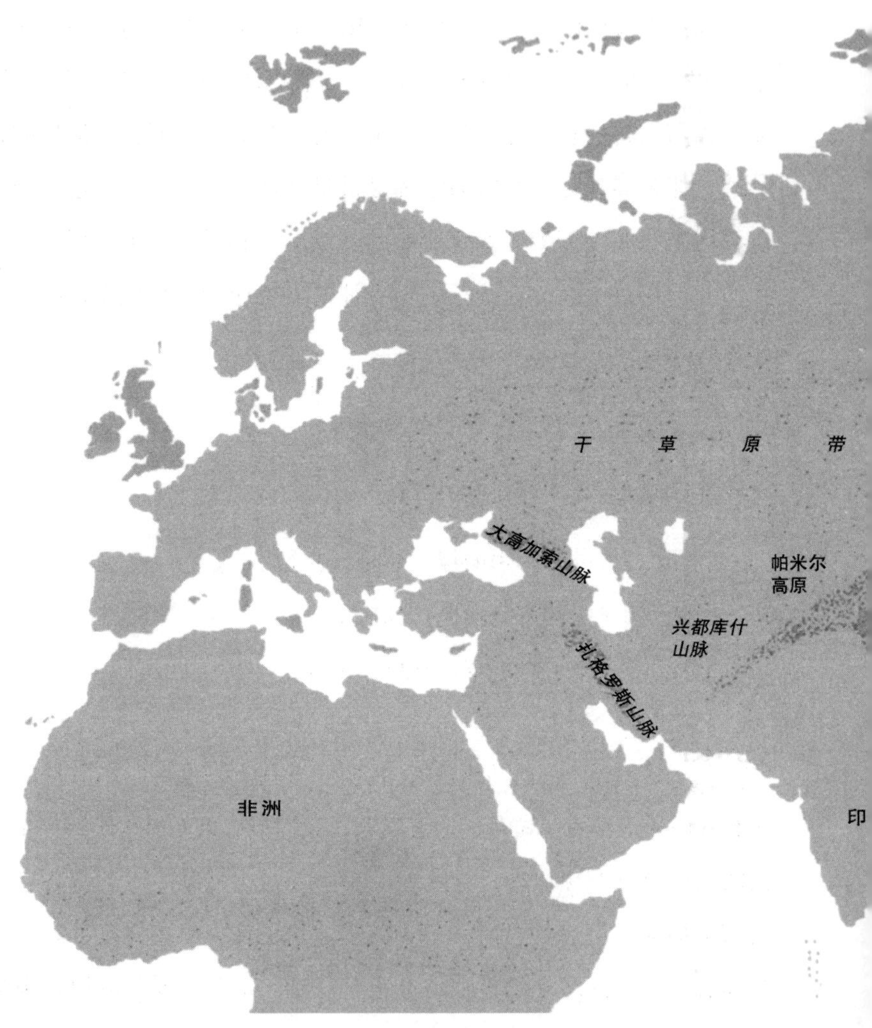

地图 3　欧亚大陆

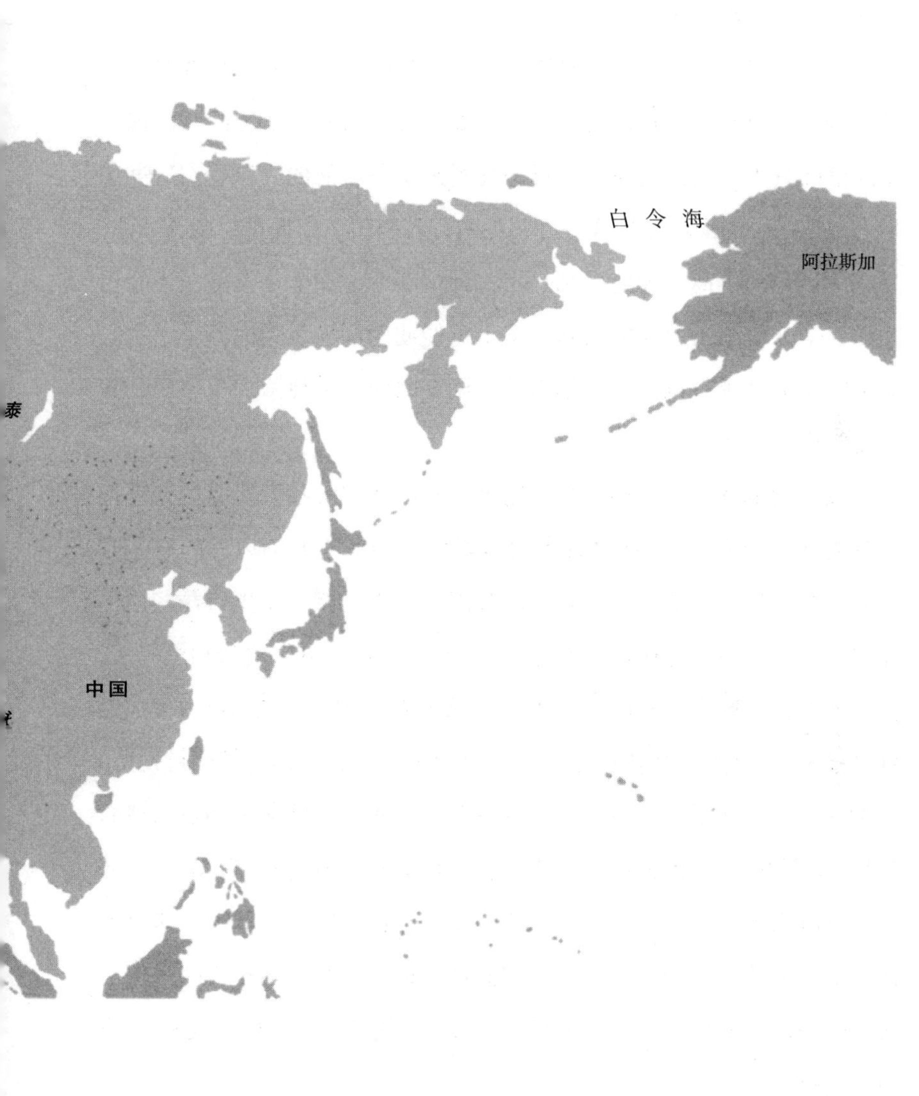
白 令 海
阿拉斯加
泰
中国

是黑斑羚，而后是盐与黑胡椒，再然后是（黑胡椒谱系上的）芥末。秩序从混乱中逐渐显露。

就我们目前讨论的这几种肉汤而言，我们似乎刻意选择忽略同一种配料被各自独立添加的可能性。例如，为什么芥末不会同时出现在盐汤谱配方中？虽然这对于常见的配料来说是可能的，但我们这里实际上是把汤中的配料想象成一种罕见的、自制的、小批量生产的品种，只有在当地的小商店才能买到。在这种情况下，一个来自墨西哥的厨师和一个来自纳米比亚的厨师几乎不可能使用同样类型的芥末，我们复杂的味觉系统可以分辨出细微的不同。因此，单独添加相同成分的可能性几乎不存在。

我们的解谜方法，也是我们用来研究那些定义我们所属遗传谱系的基因标记的方法。如果 M168 可以被定义为所有非洲以外的群体所共有的标记的话，那么它在我们的基因配方中就相当于黑斑羚。这种标记将非洲以外的所有人联系起来。然后谱系接着分裂成盐和黑胡椒，我们可以想象盐就是 M130，我们的澳大利亚标记，而黑胡椒由被称为 M89 的另一种标记物代表。按照添加成分的顺序，我们可以推断 M130 和 M89 出现的时代大致相仿。既然我们知道现代人在澳大利亚出现的时间在距今 6 万年和 5 万年之间，并且在非洲我们也找不到 M130，那我们就可以把这个时间设定为这些标记的年代上限，它们很可能出现在这个时期前后。考古学也为我们提供了评估这些标记年代的其他手段。但是，如果我们只想使用遗传数据来推测这些标记的年代呢？我们能做到吗？

答案是肯定的，这就引出了和我们用来确定汤谱成分添加顺序的相对时间法并列的另一种年代测量法，即绝对时间法（absolute dating）。与我们在第四章讨论过的名字听起来怪吓人的同位素测量法一样，绝对时间测量法产生误差的可能性也会很高，因为在计算日期时会涉及相当多的假设。尽管如此，它还是为我们提供了一个独立于考古记录的用来估计这些标记的年代，或说是人类起源时间的方法。为了更好地解释如何使用绝对时间法，我们还是以汤谱配方为例，找出那些配料添加的绝对时间，换句话说，就是找到首次将配料添加到汤谱中来的时间。

如上所述，绝对时间的第一条规则是以固定的速度添加配料。第二条规则是，一旦添加了一种成分，它就会成为食谱的永久组成部分，即便你不喜欢它，以后也无法删除它。根据这两条规则，我们应该很容易做出这样的预测：随着时间的推移，汤谱配方会变得越来越复杂。也就是说，配料食材积累的时间越长，烹饪的多样性就应该越丰富。食材是由生活在过去的特定人群添加的，它们就像是我们祖先的烹饪标志。它们不仅标记原料，而且标记添加成分的人。所以，通过定位食材添加的时间，我们实际上是能够找到那些传授给我们汤谱配方的厨师。

假设我们每隔十代人就会往肉汤里增加一些配料。虽然大多数人都乐意按父母传授的方式来烹调肉汤，但是，平均每十代左右就会出现一些挑剔讲究的家伙，为了改善味道，不得不以一种微小的方式来调整汤谱。我们可以此来估算这第一批黑斑羚肉汤是在多少代前制作而成的。上面显示的每个汤谱中都有四种额外的成分，所以我们已经积累了大约四十代（4 × 10）的变化。如果我们假设每一代人平均花 25 年（父母有孩子时的平均年龄）来研究汤谱，那么我们就有了 1 000 年的时间，在这 1 000 年的时间里汤谱也在不断地积累变化。因此，我们可以判断第一个发明黑斑羚汤的人生活在大约 1 000 年前。我们甚至可以通过观察这些新食材的来源来推测这个人可能的生活地点。

如果我们假定新添加的配料选自当地的话，那么选择黑斑羚来做汤的这个人最有可能生活在哪里？黑斑羚是非洲物种，所以非洲是他最有可能生活的地方。

所以，通过观察这些肉汤以及对它们的配料的变化方式进行的假设，我们已经能够完成两件事：推导出这些配料添加的顺序，并且能够大致估计出这些配料添加的时间和地点。换句话说，我们通过品尝以及数学方法来了解到这碗肉汤的演变过程，了解是谁在何时何地做出了这碗汤。仅仅靠品尝几口肉汤就能推导出这么多的内容，这真是太神奇了！

这种品尝肉汤的方式让我们对烹饪的历史有了短短的一瞥，同样，基因“品尝”——抽样，也能够告诉我们人类的过去。通过推断相对日期和绝对日期，并找出最有可能的发源地，我们实际上可以追踪世界各地远古基因的迁徙路径。第一站就坐落在地中海逐渐减弱的潮水边缘，那是在大约4.5万年前，在大地日益干燥，将一部分人困在中东之前。

大陆的隔离桩

正如我们所看到的，对于放牧和捕猎兽群的人类来说，中东一直是非洲东北部的延伸。这都是数百万年前的事了，直立人在非洲出现后不久便通过黎凡特地区进入高加索地区。然而，在大裂谷的原始人家园和温和的地中海气候之间，横亘着撒哈拉沙漠的东部边缘。这就给我们提供了时间和路线的线索，用来测试我们的基因估测法。

海洋、沙漠和山脉这些主要的地理特征一直以来就是有机生物体扩散的障碍物。例如，澳大利亚独有的动植物群就是因为该大陆与其他大陆始终隔海相望而得以维持。同样，山脉也是阻止人群流动的障碍，就像一堆未放置妥帖的“极地不动产”。在某种意义上，这些地理屏障就像那些立在路边用来规划车流的带有反光标志的隔离桩。

海洋和山脉（至少在人类进化的时间维度上）构成了行动的巨大障碍，而沙漠提供了更多的流动性。正如我们在非洲的森林和大草原上看到的那样，沙漠与其他生态系统是可以互换的。如果降水量跌落到一个特定的水平之下，荒漠化就可能会在一夜之间发生。同样，降水量的增加也会在突然间将沙粒变成肥沃的土地。正因为如此，沙漠实际上应该被看作一个始终处于盈缩之间的生态系统，在气候干燥时扩大其范围，在水分更丰富时缩小其范围，就像拍打在其他生态系统边缘的海潮一样。套用一句谈论英国天气的老话：如果你不喜欢沙漠，只需要等上几百年，它就会过去的。

世界上最大的沙漠是非洲的撒哈拉沙漠。它让人想起滚动的沙丘、骆驼、绿洲、枣椰林和酷热的景象。撒哈拉几乎就是沙漠的同义词。在有记载的历史中，它一直是阻碍人类行动的特殊障碍，以至于地理学家以它为界将非洲划分为两个区域：撒哈拉地区和撒哈拉以南地区。撒哈拉地区历来更接近地中海世界，因为人类的居住区域仅限于沿海狭长地带。撒哈拉以南地区则是远在尼罗河第六瀑布（Pharaonic sixth cataract）之外的一个遥远而神秘的地方，被 2 000 千米宽的炽热沙漠地带隔开。这显然是个巨大的障碍。

然而，撒哈拉并不一直都这样。在现代人发展的早期阶段，它是一个相对潮湿的地方，有着人类存在的明显痕迹。我们在撒哈拉发现的古人类遗址一直可追溯到 8 万至 10 万年前的旧石器时代，直到 8 万年前最后一个冰期的加速，人类才从撒哈拉消失。大约在 5 万年前，北半球稍微变暖了几千年，气温升高并出现短暂的“峰值”（由此增加了降水量），但与7万年前相比，总的趋势是气温越来越低。就非洲而言，这意味着更干燥的气候条件和撒哈拉沙漠的不断扩大。我们之所以知道这一点，是因为在这段时间里，地中海沉积物中的沙粒有所增加，沙漠中的一些稀树草原物种也消失了。

第一批上旧石器时代的人类可能是在大约5万年前相对温暖潮湿的气候条件下到达中东的，当时东撒哈拉正在后退，红海沿线打开了一个门户。也许他们沿着尼罗河向地中海迁徙，然后向东穿越了西奈半岛。这是一个20千米左右的短跳跃距离。沿着阿拉伯西部沿海山脉分布的相对潮湿的环境，为这些上旧石器时代的人创造出类似稀树草原的狩猎条件，这得益于自红海吹来的盛行西风中包含的水分。即使在今天，也有一条狭长的草原带向北延伸到沙特阿拉伯的麦地那城，在环境普遍恶劣的阿拉伯半岛中独树一帜。这种脆弱的干草原环境在过去可能从约旦的亚喀巴湾向南延伸，实际上打开了通往欧亚大陆腹地的大门。

威廉·加尔文（William Calvin）是一位神经生物学家，撰写过大量关于气候和早期人类进化的文章。他将撒哈拉比喻为原始人类的“泵”。在湿润的时期，撒哈拉能够维持一定数量的人口。他们可能集中在绿洲或河流周围，或仅限于从盛行风中获得水分的地区。随着气候变得日益干燥，撒哈拉变回无法居住的沙漠，这就迫使人类向外移民。加尔文认为，5万年前的气候衰退可能是上旧石器时代人类从非洲北部迁徙到中东的推动力。

然而，最早一批上旧石器时代现代人到达了黎凡特地区，很明显，4.5万年前不断恶化的气候将他们牢牢困在他们的新家中。4万年前至2万年前，撒哈拉处于极度干旱状态，很可能在这段时间里，任何以前适宜居住的地区都会被沙漠吞没。现代人类被困在了一个新大陆内。

遗传模式证实了这一点，并为我们的旅程提供了下一个线索。M89 是 M168 在我们进入欧亚大陆的新干线后立即产生的标记，通过使用上面详述的绝对时间法可定位到 4 万年前左右。考虑到计算中所做的假设可能存在误差，特别是在确定新突变的发生率时，这个估计实际上应该在 3 万至 5 万年前，而且很可能（考虑到气候数据）出现在这一范围的早期阶段，也许是 4.5 万至 5 万年前。这是因为它有助于我们将生活在非洲东北部，特别是埃塞俄比亚和苏丹的人群与黎凡特的人群联系起来。从 M89 谱系随后产生的欧亚人标记在非洲东北部并不多见这一事实，我们可以判断，在携带 M89 标记的人群通过之后，撒哈拉就关上了大门。如果非洲和黎凡特是整个上旧石器时代人类持续活动范围的组成部分的话，我们应该能够看到这些标记相对均质的分布状态。事实上，携带有被我们称为中东标记的 M89 标记的群体的迁出，似乎标志着撒哈拉以南的非洲地区和欧亚大陆在上旧石器时代的最后一次重大交流。世界已被划分为非洲人的世界和欧亚人的世界，只有在数万年的时间过去之后，才会再次发生重大的交流。

M89 在非洲东北部和中东地区，以及在黎凡特上旧石器时代的考古遗址中的存在，帮助我们回答了一个问题，那就是：定居在欧亚大陆的群体是否只有从非洲沿着南部海岸进军的单一迁徙路线。我们在非洲没能发现 M130，这表明这个沿海岸线标记出现在 M168 前往澳大利亚的路上。相反，在澳大利亚或东南亚没有发现 M89 标记的 Y 染色体，但它们在非洲东北部出现的频率相当高。这意味着 M89 出现的时间略晚于 M130，主要分布在前往澳大利亚的海岸线移民潮过去后留守非洲的这批人中。正是这些不带 M130 染色体的人首先在中东扎根。考

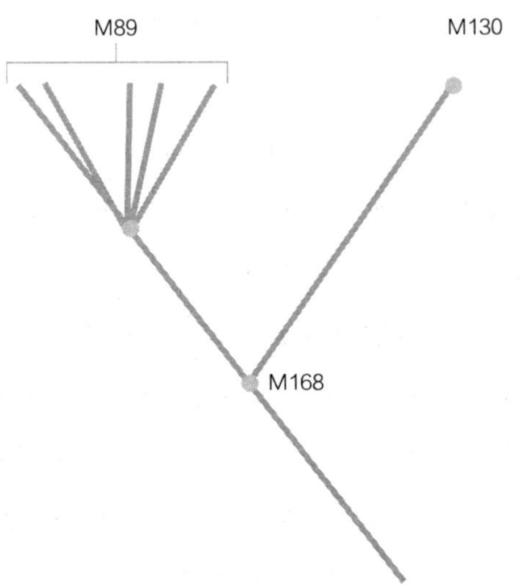

图 6　M89 定义了非–非洲人的主要 Y 染色体谱系

古学证据表明，现代人大约在 4.5 万年前在黎凡特一带活动，这与现代人从其他地方迁到这里的时间一致。非洲东北部是附近地区唯一有相近时间段的考古遗址的地方，而且更关键的是，我们在黎凡特看到了同样的遗传标记。因此，遗传和考古模式告诉我们，第二批移民是从非洲移徙至中东的。

一旦我们上旧石器时代的移民抵达黎凡特，进入欧亚大陆腹地的道路就开放了。这里有着一条绵延的干草原高速路（尽管这里的干草原与非洲热带大草原的物种环境不同）从亚喀巴湾延伸到伊朗北部，再到中亚和蒙古。撒哈拉的屏障一旦被征服，这些彻头彻尾的现代人随后如何四散分布完全取决于他们自己的脚步。他们带着足以征服这块大陆的所有智力构建模块，沿着这条与之前的大陆南部海岸线高速路相当的干草原高速路大举迁移。

在这个时候，人类的活动是丰富多彩的。干草原地区的大型哺乳动物，特别是羚羊和如今被人们驯化为家牛的牛科动物，对于早期人类来说唾手可得。随着群体数量的增长，人类逐渐扩大了他们的活动范围。在向北和向西移动的过程中，一部分人可能早已进入巴尔干半岛，成为欧洲的第一批现代人。然而，他们的人数不会很多，因为离开他们已经高度适应的干草原带生活不是一件容易的事。巴尔干半岛的山脉和温带森林对这些上旧石器时代的人来说是相当陌生的，遗传数据也证实了这一点。就像 Y 染色体的分析结果所证明的那样，很少有欧洲人的基因能直接追溯到 4.5 万年前的黎凡特。M89 谱系作为黎凡特上旧石器时代的典型血统，在西欧只有百分之几的频率。也许正是这些为数不多的中东移民把上旧石器时代最早的标志，一种被称为夏代尔贝龙（Chattelperronian）的打制石器文化引入了欧洲，但他们并没有留下连续的痕迹。对欧洲的真正征服，以及穆斯特人的灭亡，需要等待随后的移民狂潮——这些移民的基因汤里包含的成分更为丰富。

啊吼，向东！

旧石器时代人类群体的主体开始向东扩散。我们几乎可以肯定，和其他早期的人类迁徙一样，人们从一个地方流动到另一个地方并非出自明确的意志。相反，欧亚大陆绵延不断的干草原带成为人群扩散的便利条件，人们追逐着这条草原带愈走愈远。正是在这段时间里，M89 谱系出现了一个被命名为 M9 的标记。正是 M9 的后代，大约 4 万年前出生在伊朗平原或中亚南部的一个男性，在后来 3 万年的时间里将他的

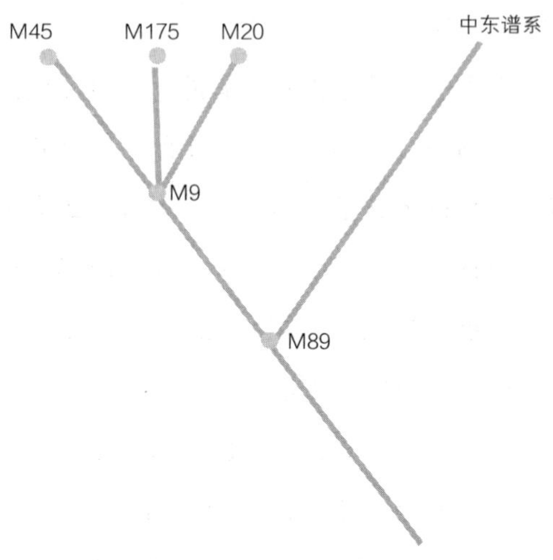

图 7　以欧亚大陆主要地理区域划分的 M89 后代血统

“势力范围”扩展到地球的尽头。我们将携带 M9 标记的人群称为欧亚氏族。

在这些来自干草原带的猎手向东迁徙，将他们的欧亚血统带到大陆腹地的过程中，他们遇到了有史以来最牢固的地理屏障。这些地理屏障就是构成亚洲中南部高原的大山脉：从西向东延伸的兴都库什山脉，从西北向东南延伸的喜马拉雅山脉，以及从西南向东北延伸的天山山脉。这三条山脉像车轮的辐条一样呈放射分布，中心相交的位置被称为帕米尔交会点，即今天的塔吉克斯坦。

第一批看到这些山脉的人绝对是心怀敬畏。尽管他们曾在伊朗西部遭遇过扎格罗斯山脉，但扎格罗斯山脉是一个可穿越的屏障，有许多山谷和低矮的通道，可以让人轻松通过。事实上，扎格罗斯山脉本身也是上旧石器时代人类狩猎活动地理空间的一部分，兽群会在夏季移动到海拔更高的草场，冬天则下移到周围的平原。而中亚的高山完全是另一种不同的概念。每个山峰的海拔峰值都会飙升至 5 000 米或更高（天山和喜马拉雅山超过 7 000 米），辐射状的高海拔山脊成为迁徙的巨大障碍。而且，这里我要提请读者注意的是，当时整个世界处在最后一个冰期，气候应该比今天更加极端。于是，这些山脉的存在使我们的欧亚移民分成两组，一组走向兴都库什北部，另一组则向南进发，进入巴基斯坦和印度次大陆。我们是怎么知道的？ Y 染色体再次给我们画出了路线。

那些向北挺进中亚的人的欧亚血统产生了更多的变异，我们将在后面对此进行追踪。然而，一路向南的上旧石器时代的人群在 Y 染色体上产生了一个与其他无关的突变 M20。M20 在印度以外的地区出现的频率不高，在一些中东人口中可能也就只有 1% ~ 2%。然而，在次大陆，特别是在印度南部，将近 50% 的男性拥有 M20。这表明它是印度作为最早定居点的重要标志，由此形成了一个独特的印度遗传基质，我们称之为印度氏族，早于后来从北方迁徙而来的基因。印度氏族的祖先在大约 3 万年前迁入印度南部，在那里他们遇到了仍然活动在那里的早期沿海移民。从基因模式来看，这二者似乎并没有任何形式的混合：正如我们在第四章所看到的，线粒体 DNA 以单倍体 M 的形式保留了沿海移民的有力证据，而 Y 染色体主要显示了后来的移民从北方迁入的证据。倒回到刚进入上旧石器时代的非洲，我们曾经想象过的一幕幕场景，如同我们预料的那样在这里上演：入侵者从沿海居民那里夺走女人，男人们大部分被赶走、杀害，或者压根就没有生育的机会。其结果就是 M 的线粒体 DNA 谱系被广泛引入印度氏族中，而沿海居民的 Y 染色体谱系不会像我们所看到的那样普遍。今天，印度南部沿海居民标记出现的频率仅为5%左右，而且越往北去，频率越低。这种模式表明沿海居民对人口的贡献很小，至少在男性方面如此。两种类型的数据对比让我们对这些最早的印度人的行为有了一定了解，并且预告了我们将在第八章中详加探讨的一种文化模式。

当然，迁徙中的欧亚人口不仅被分流到印度，也有一些人迁移到兴都库什山脉的北部，进入中亚的中心地带。对于上旧石器时代的猎人来说，天山山脉一定是一个比兴都库什山脉更为可怕的障碍，这使得他们远离中国西部。就在这个时候，欧亚血统又产生了另一个突变。它被称为M45，它将帮助我们追踪后来发生的两次非常重要的迁徙。用绝对时间法测量，我们可以推断出M45突变发生在大约3.5万年前的中亚地区。而今，M45只在中亚人和其祖先可以追溯到这个地区的人群里有发现，因此，它定义了一个中亚氏族。中亚氏族的后代只偶尔出现在中东和东亚，在印度偶然会呈现出更高频率，可能是更为晚近的迁徙（正如额外突变所揭示的那样）造成的。这“先祖级”形式——Y染色体谱系和中亚氏族的最深的分野，只存在于中亚。这使得我们能够精准地确定“区域性亚当”的位置，就如同我们把我们的非洲亚当确定为“桑布须曼人”（San Bushmen）的祖先一样。M45谱系的最大分支如今只存在于中亚，而不是印度、欧洲或东亚。因此，M45出自中亚。

从中亚氏族最古老的后裔分布区域有限这一事实，我们可以得知，其起源地的人口与生活在周围其他地区的人是隔绝的。虽然兴都库什山脉提供了一个现成的解释，表明前往印度的移民路径艰难不易，但却没解释清楚为什么这些人与生活在中东的群体没有接触。毕竟，我们的欧亚氏族是沿着这条路线移民到中亚的，那为什么中亚氏族不能往回走呢？学者们推断还存在另一个隔离桩。而且考虑到几千年前中亚氏族的祖先第一次向欧亚大陆腹地大举迁移时，它并非不可逾越的障碍，这就说明该隔离桩很可能是在第一次迁徙之后出现的。

今天，伊朗中部的卡维尔沙漠（Dasht-e Kavir）和卢特沙漠（Dasht-e Lut）都是不毛之地。那里居住的人很少，他们使用高度发达的农业系统勉力维持着贫瘠的生活，这些农业设施包括绵延数英里的地下灌溉水道。这些被称为坎儿井（ghanats）的地下灌溉水道已经被使用了数千年。在酷热难挨的白天，像雅兹德这样的城市的居民们会躲到地下房间去，那里有冷风。风沿着长长的管道流过，那令人难忘的呼啸声即便在数英里远的地方都可以听到。很难想象，如果没有这种适应性强的生活方式，人们怎么可能在这种恶劣的气候中长期生存。时至今日，人们已不可能回到狩猎和采集的生活了。同样，中亚的卡拉库姆沙漠（Karakum）和克孜勒库姆沙漠（Kyzylkum）也一样地荒凉严酷，几乎与世隔绝，除少数游牧牧民外，少有居民。

尽管如此，伊朗中部的沙漠中仍然分布有两条连续的干草原带，一条指向沙漠北端，接近里海，另一条则向南延伸，接近阿拉伯湾。就在差不多 4 万年前，全球气候处于反复无常、变化多端的时期，伊朗和中亚的干草原和沙漠也不例外。当时大气中的水分含量可能与今天相似，甚至可能大于今天。这可能是因为当时盛行风风向的变化，从阿拉伯海带来了水汽。在这些短暂的相对潮湿的时期，人类应该可以相对容易地跨越伊朗高原进入中亚。同样，这整个旅程中，人们猎食的动物和猎食的技巧几乎一模一样。我们能了解到这些，有赖于他们后代身上的基因痕迹，这痕迹将我们从黎凡特直接引向中亚。

可是，一旦冰期的气温跌落到临界值，降水和湿度就会显著下降。这是因为地面水分停止了蒸发，水被冻结在遥远的北方不断膨胀的冰盖中。这发生在2万至4万年前，其结果是在人类迁移路线上出现了一个新沙漠隔离桩。欧亚大陆上的活动人口被隔离为北部、南部和西部三部分，这些地区全都进入了冰期最冷阶段。生活在印度和黎凡特的人群较多地受益于海洋，因为海洋有助于减轻日益寒冷和干旱的气候的影响。然而，那些被困在兴都库什山脉北部的人不得不适应欧亚大草原日益严酷的生活方式，否则就会死去。

如果没有沙漠化侵袭的影响，这些早期的中亚人很可能更愿意待在南部大草原相对温暖的环境中。一些人留了下来，退守兴都库什山的山麓，在那里，冰川融化形成的水源和动物的数量足以维持他们的生存。不过，大多数人似乎都追逐着迁徙的兽群向北行去，他们迎着风暴，也像风暴一样向前行进。他们有可能在大约4万年前或更早的时候首次来到西伯利亚，因为我们在阿尔泰山脉发现了上旧石器时代人类使用的工具。与1万年前他们那些留在非洲的祖先所处的环境相比，这里的条件难以想象地差。冬季气温会降至负40摄氏度或更低，他们大部分时间都在寻找食物和保暖。好在他们总是能够猎杀到足够的动物，最终有能力克服这些困难。

在前面，我们了解到生活在高纬度地区的物种的一个重要特征是体型庞大——根据伯格曼法则，其原因是大型动物的表面积相对于它们的体量而言要比小动物的小得多，而热量总是通过表皮层流失。鼩鼱（shrew）必须持续进食才能维持它们活跃的新陈代谢，部分原因可归结为它们的微小尺寸使它们很难保存热量。因此，在寒冷的环境中，大自然会青睐代谢速度较慢的大型动物（因为食物资源不像温暖地区那样丰富）——大而笨重，通常都不是特别聪明。这就是自然选择“创造出”诸如猛犸象这样的动物的原因。

当上旧石器时代的人第一次在西伯利亚或是中亚遇到猛犸象时，

必定会受到一点惊吓。通常这些技艺高超的猎人的传统猎物的体型可能比人大两倍至三倍，但是猛犸象的体量与小型公共汽车相差无几，还有着令人生畏的象牙和厚厚的皮毛。然而，当他们观察这些古怪的巨兽时，他们会发现猛犸象的巨大尺寸让它变得缓慢而笨拙。只要使用正确的狩猎技巧和合适的工具，就有可能解决它们。一旦围猎成功，一头猛犸象的肉就能给一个部落提供几个星期的食物，所以付出努力是值得的。

很有可能上旧石器时代的人类会寻找猛犸象的尸体作为食物。通过对南部非洲上旧石器时代遗址发现的动物遗骸进行分析，人类学家刘易斯·宾福德（Lewis Binford）提出，腐食是早期人类食谱的重要组成部分。虽然科学家们一直在争论我们这些早期祖先究竟是更依赖动物腐尸还是更依赖新鲜猎物，但是很可能确有食腐行为发生——现代狩猎-采集群体中也有类似的情形。如果猛犸象的尸体上还存有大量的肉的话，它们就会成为第一批欧亚人的首选食腐对象。

对于我们的祖先来说，欧亚大陆腹地是一所残酷无比的学校，因此先进的问题解决能力对于他们的生存至关重要，这有助于我们理解为什么人类只有在心智大跃进之后，才真正准备好去征服这个世界的大部分地区。在干草原带逗留期间，现代人开发了高度专业化的成套工具，其中就包括骨针。人们使用这些针将动物的毛皮缝制成衣服，在冷得如同在月球一样的情况下，这些衣服既提供了温暖，也使得人们可以方便自如地去狩猎驯鹿和猛犸象等动物。他们冒险离开原来寄居的山丘和洞穴，来到冰冻的开阔草原和苔原，这就需要开发便携式住所。他们在新迁徙的地方很难像过去那样随时可以找到用来制造武器的细纹石，因此他们在制造工具时必须尽可能地节省。这驱使他们开发出细石器（microlith），比如被绑到木杆顶端当作武器使用的小石片

（如箭镞）。

正是这种解决问题的智慧，让上旧石器时代的人们得以在严酷的欧亚大陆北部干草原上生存，并开展大规模的围猎活动，这可以解释为一种所谓的“杀戮意志”（will to kill）。生存取决于能否找到足够的食物资源，而无论前路上的障碍为何，干草原都是名副其实的肉类储藏柜。正是这种对食物的渴求，将他们引入这片大冰柜之中，并把他们带到中亚以外更远的地方。干草原高速路让他们向着大陆的最远端长驱直入，而一旦他们适应了这严酷的环境之后，一个新世界便出现在了他们眼前。

筷子

第一批西伯利亚人的基因由中亚和古欧亚氏族血统混合而成。虽然 M45 标记是我们用来推断早期中亚草原猎人迁徙的重要标志物，但仍然有许多男性身上没有被标记为 M45 的 Y 染色体，但是他们会有未被标记的欧亚人的 M9 Y 染色体。这是因为当旧的标记（例如 M9）谱系在流失时，新的标记并不会在频率上立刻升高。我们研究的全部 Y 染色体标记都起源于过去某个时刻的某个男人，所以他们最初的频率是个体（他自身）除以群体中的男性总数，除非是在规模最小的群体中，否则这个频率在一般群体中都会非常低。随着时间的推移，它们会变得越来越普遍，这主要是遗传漂变的作用，这种按一定频率发生的随机变化是所有人类群体的共同特征。因此，这些最早占据了西伯利亚南部的人将同时拥有中亚 M45 和更古老的欧亚 M9 血缘谱系，在遗传漂变作用的影响下，他们似乎失去了大部分的中东祖先染色体。

就在欧亚人进入兴都库什山脉另一边的印度的同时，欧亚氏族成员中的一部分人，也沿着天山山脉向北部和东部进行扩散。他们中的一些人，或许利用几千年后成吉思汗入侵中亚时走的“准噶尔缺口”（Dzhungarian Gap），来到了今天的中国。看上去他们大多数都是沿着草原高速路向北迁徙的移民，通过绕行西伯利亚南部以避开中国西部的沙漠。他们确实得偿所愿。我们知道这一点是因为他们的后代都有一个 Y 染色体标记，这个标记几乎完全局限于东亚，并且在西亚和欧洲完全缺席，这就是 M175 标记。

如今，从欧亚 M9 发展而来的 M175，在韩国人口中出现的频率最高，约为 30%。根据绝对时间测量法，它似乎有大约 3.5 万年的历史，与朝鲜和日本进入上旧石器时代的时间非常吻合。有几个晚近衍生出来的标记（特别是 M122，它将在第八章中发挥重要作用）都以 M175 作为源头，所有这些相关谱系共同构成了今天东亚 Y 染色体的 60%～90%。就像所有的汤谱中都有一种共同配料一样，M175 将居住在兴都库什山脉和喜马拉雅山脉东部的绝大多数亚洲男性联系起来，定义了一个东亚氏族。

当这些现代智人到达东亚的时候，他们发现自己的远亲直立人已在此居住了将近 100 万年。迪布瓦的缺失环节其实在中国有亲戚，在与他们的爪哇表兄弟被一道归为南方古猿之前，他们被称为北京人。但令人费解的是，在自 10 万年前以来的中国遗址中，考古学家没有发现任何直立人的活动痕迹，这种情况维持到大约 4 万年前这些彻头彻尾的现代智人出现。这 6 万年间的记录始终保持空白。造成这一人类进化断层的原因尚不清楚，尽管最可能的罪魁祸首又是不断恶化的气候。例如，在中国东北部，靠近北京的周口店洞穴里，人们发现了许多直立人残骸。即使是在今天，这个地区的冬天也寒冷异常。在距今 15 万至 25 万年的倒数第二个冰期的深冻阶段，中国北方的气候更加严酷。与此相一致的是，在周口店我们找不到距今 25 万年的直立人遗留物。看起来很可能是严寒将他们赶走，或者是把他们都杀光了。

我们知道，在东亚地区，近百万年来直立人没有发生过大的变化，这可能是稳定的自然选择压力的结果。与其他原始人类没有交流，且一贯稳定的气候条件更有利于持续的连贯发展，而不是变来变去。而且也没有证据表明直立人发生了大跃进。尽管一些中国科学家主张一种被称为“区域连续性”的进化模式，即东亚直立人独立进化为智人的本土变种，与非洲发生的事情全无关系，但毫无疑问，目前没有任何基因证据能够证明这一点。不仅如此，基因分析结果表明，进入东亚的现代人类移民和直立人之间甚至没有混血，实际上即使有些带有这些基因的群体存在于 4 万年前，现在的考古学家也看不见了。在最近开展的一项对搜集自整个东亚的 1.2 万多名男性的染色体样本进行分析的过程中，遗传学家李进和他的同事发现，每个单一个体都可以将自己的祖先追溯到距今 5 万年以内的非洲。因为每个男性的 Y 染色体上都有我们的老朋友 M168，无一例外。这样的结论对于那些寻找东亚地域连续性证据的人来说是个坏消息，因为它不可能与直立人独立进化或者产生混血的事实达成一致，至少就男性而言确乎如此。东亚的线粒体 DNA 也给出了同样的答案：数千个样本的测试结果表明，所有样本的祖先都可以追溯到非洲。简而言之，没有基因证据表明直立人对现代东亚人的基因库有任何贡献。相反，迪布瓦的猿人似乎走进了进化的死胡同，最终被现代人完全取代了。

如果故事就此结束，它将是非常的简洁和自成一体的。但不幸的是，生活从来没有那么简单。在这个案例中，给我们带来困扰的问题是沿海居民谱系在一些东亚人口中的高频率出现。比如，在蒙古，沿海居民谱系出现的频率高达 50%，而且在整个东北亚地区都很普遍。这些沿海居民血统是如何到达这个地方的，这仍然是一个谜，但很可能是来到东南亚的早期沿海居民逐渐向内陆行进，数千年来一路向北造成的。南方的 M130 染色体要比北方的更为古老的事实证实了这一迁徙行为。也许是在 3.5 万年前的某个时候，他们遇到了其他移民主体的后代，即沿内陆迁来的欧亚人。所以，东亚人口中既有欧亚血统，也有沿海血统，这证明了它们之间存在着广泛的混合。

后来呈现出来的图景是，东亚由分别来自北方和南方的现代人类驻扎，迁徙路线分为两路，好像钳子或筷子。北线的特点是以欧亚氏族成员为主，可能在大约 3.5 万年前从西伯利亚南部的大草原进入。南线主要由沿海部落的成员组成，可能在此之前，或许早在 5 万年前就已至此。目前东亚的人口构成仍然显示出这种古老的南北分野的证据。卢卡·卡瓦利–斯福尔扎与他的中国同事一起研究了东亚人口中的数十种非 Y 染色体的多态性。在研究分析中，他们看到了中国北方人和中国南方人之间的明显区别。即使是同一民族的成员，如北方的汉族和南方的汉族，他们之间最为紧密的联系更多的来自地理范畴，而非民族范畴；北方的汉族和其他北方的非汉族人口，还有南方人各自形成了一个不相干的群体。在今天中国人的血液流动中，似乎仍然可以看到这种古老分流的定居证据。

这样，我们的中东氏族已经成功进入了欧亚大陆的东端。在此过程中，它衍生出额外的标记，产生了广泛分布的欧亚氏族、印度氏族和中亚氏族。中亚的山脉在今天继续发挥着 4 万年前阻碍移民的作用。于是，一个孤立的东亚 Y 染色体氏族出现了，如今它只是偶尔出现在西方。虽然前往东亚的路线很清楚，但去到欧洲需要更加迂回的旅行路线。正如我们所看到的，现代欧洲人的汤里含有太多的食材，以至于很难说他们是中东氏族的直接后裔。我们接下来要去寻找第一批欧洲人的祖先。

第七章

石中血

渡鸦神送出飞鸟去刺破那黎明前的暗黑之墙；其中一只鸟儿在墙上啄出了一个洞，通过这个洞，太阳的光芒首次映照万物。就着晨晖他扔出了一把海豹的骨头，这些散落地面的骨头幻化作人类的形体，这便是最早的男人和女人。

——楚科奇民间创世神话

攻读斯坦福大学博士后期间，我和我未来的妻子生活在旧金山，每天要穿过旧金山半岛前往帕洛阿尔托。之所以选择日复一日的远程奔波，是因为我们更愿意生活在一座令人兴奋的、人群嘈杂且流动的城市中。我们的公寓在里士满街区（Richmond district），这里是俄罗斯移民社区的中心，与克莱门特大街的“新唐人街”（New China-town）比邻。晚上开车回家的路上，我喜欢收听全国公共广播电台的节目来打发时间，它差不多相当于英国广播公司第四频道的美国版。1997 年秋天的一个晚上，当我正驱车在第 25 大道的时候，突然听到的一则消息差点让我失控撞向一辆迎面而来的公交车。惊魂暂定后我靠边停车，生怕错过一个字眼。

广播里，播音员正在播报，由慕尼黑大学斯万特·帕博教授（Svante Pääbo）领导的科研团队刚刚公布了尼安德特人的首个 DNA 序列。在某种意义上，这是人类学研究的圣杯之一——这个科学发现使我们有望回答这个领域中最古老和最具争议性的问题之一：现代欧洲人是从尼安德特人进化而来的，还是尼安德特人被从其他地方入侵的新人种替代了？

尼安德特人是 1856 年首次在尼安德特河谷的一个洞穴里发现的原始人类。尽管人们一开始并不是很愿意接受人类进化这个事实，但仅仅几十年过去，大多数人都已经接受尼安德特人是现代欧洲人的祖先这种说法。然而，20 世纪 80 年代的基因研究对这个观点提出了质疑。如果确如线粒体 DNA 所证实的，现代人类是在离现在相对近的时间才从非洲走出来的，那么现代欧洲人怎么可能是从类似尼安德特人那样的原始人类进化而来的？尼安德特人可是存在于 25 万年前的。这是一个备受争议的问题，一些人类学家如密歇根大学教授米尔福德·乌尔波夫（Milford Wolpoff）就坚持 DNA 证据是错的，现代欧洲人在本质上是尼安德特人。

正如我们在第二章所见，如果想要使用现在收集到的数据来推测过去的诸多细节，唯一的问题在于运用那些研究 DNA 序列如何随时光流逝而变化的理论。尽管得到了一代又一代科学家所从事的遗传和进化研究的支持，但这些理论仍然还只停留在理论阶段。很不幸，我们也不太可能重返过去寻找证据以验证理论推导的合理性。还有别的办法吗？我们能够直接研究那些过世已久的祖先的 DNA 吗？

古人类 DNA 研究是斯万特·帕博和他在加州伯克利大学以及慕尼黑大学的同事们于 20 世纪 80 年代开创的新领域，在这些同事之中，就有因线粒体夏娃研究而闻名的艾伦·威尔逊。这项工作的动力在于挑战大家认为不可能的事情——通过检测早就过世的个体身上的DNA来重现过去。事实上，它是在试图发明一种基因时光机，以帮助我们直接回答有关远古祖先的遗传问题。最开始这项技术被应用于分析埃及法老的DNA，但很快人们就把它用在数百万年前的化石上。迈克尔·克莱顿（Michael Crichton）的小说《侏罗纪公园》（*Jurassic Park*）就是基于该领域研究者早年间的大胆憧憬而创作的，当时人们认为万事皆有可能，即便是从琥珀中保存下来的吸血昆虫的遗骸里提取出完整的恐龙DNA！

尽管截至目前，人们宣称从数千万年前的目标源中成功提取出DNA的消息最终都被证伪了，而且实际提取的往往是少量的现代DNA污染，但是从晚近年代或保存良好的几万年前的样本中提取DNA有时还是可能的。猛犸象和古阿尔卑斯山游客的冰冻遗体能够提供研究分析用的DNA，木乃伊和一些沙漠居民的干尸也同样如此。但即便到了这个时候，多数情况下我们的分析还只是局限于线粒体DNA，因为它在每个细胞中都存有数量巨大的样本，这使得某个样本在几个世纪以来类似俄罗斯轮盘赌的分子降解过程中更容易保存下来。可是，进行这类分析仍旧困难重重，因为大多数情况下生物一旦死亡，分子就完全瓦解了。这意味着提取不出DNA的遗憾远多于成功提取DNA的喜悦。但从中成功提取出DNA的少量案例就使得一切努力都值得了。正是在这样的思想的指导下，帕博团队研发出可靠的手段从古代样本中评估和提取DNA，在20世纪90年代他的实验室代表了当时该领域所能达到的最高水平，他们在这个领域是无可置疑的专家。

这个重大科学发现事实上得自对目前发现的年代最早的尼安德特人残骸的研究，也正是这个科学发现导致了我在旧金山差点去见上帝。研究团队也分析了一些所谓的类型样品，与其他古人类学家得出的结论全然不同——当慕尼黑大学团队去研究它们时，这些骸骨已经在波恩某处的博物馆荒置了近 140 年。帕博抓住了机会，他的研究生马蒂亚斯·克林斯（Matthias Krings）完成了这些分析，并把它作为自己博士论文的一部分。在超过一年单调沉闷的试错实验中，克林斯逐渐改善方法，提取出足够完好的线粒体 DNA，而且建立起一个由 105 个碱基对组成的基因序列。当他把这些片段组合到一起时，所获确实非同寻常。克林斯回忆自己第一次看见 4 万年前的 DNA 时说：

> 我大体记得住基因的序列……而且我肯定能发现置换（DNA 序列变化）。当我检查首个基因序列时，我感到一阵战栗。在一个通常只有三条或四条替代物的地方，我看到了八条。我想："这是一个很有趣的序列。"

在不辞辛苦地用另外一块不同的骨头重复进行 DNA 提取工作并有确定结果后，克林斯又在另一块大陆的实验室里重复了这个实验（为了确定慕尼黑实验室里的结果不是人为污染物导致的），最后他确认了基因序列的有效性。在反复进行这个程序多次后，他竟然想方设法从这些遗留物中提取出了 327 个碱基对——这足以对它的进化趋异（evolutionary divergence）做一个在统计学上有显著意义的估计。尼安德特人的基因序列显然不同于现代人的线粒体 DNA，但也不属于猿人。相反，它来自 50 万年前与现代人拥有共同祖先的原始人类。这个时间段与古人类学家关于所谓"古人类"（archaic humans）从非洲向欧洲拓殖的预计一致，它证明了尼安德特人不是现代人的直接祖先。相反，尼安德特人代表的是一个稍后被智人取代的地域性古人类群体——在智人身上我们是找不到这个群体的成分的。在研究所收集到的全世界数以千计的人类线粒体序列中，没有任何序列与克林斯的尼安德特人序列接近。尼安德特人在我们已知的现代人基因序列之外——因此他们代表了另外一个完全不同的人种。这些早期的研究成果被另外两个关于欧洲其他地区的尼安德特人遗传学研究证实，研究表明尼安德特人之间很接近，但是与我们现代人相去甚远。基因资料是无可辩驳的，现代欧洲人可追溯他们的祖先到非洲，和世界上其他地区的人一样。

根据前面章节讨论到的 1.2 万例 Y 染色体的研究，尼安德特人的结局给多源论画上了最后的句号。我们的原始人类亲戚被 5 万年前从非洲扩散的现代人取代了。尽管现在还有为数不多的人类学家坚持人类进化的多地区论，但是他们中的大部分人也承认并没有什么言之凿凿的证据。卡尔顿・库恩的幽灵终于被现代分子生物学安葬了。但是，你可能在想，如果尼安德特人被取而代之，那会是谁干的呢？

艺术气质

1922 年秋天，两个少年走进了法国卡巴莱（Cabrerets）附近的一个洞穴。这个洞穴在图卢兹（Toulouse）东北方向，距离大约两小时车程。两年前他们和教区牧师曾经探索过这里。这一次，他们将牧师的警告置之脑后，再次进入了这个洞穴并且着意对洞穴进行全面的探索。在洞穴壁上，他们有了非同凡响的发现。佩什梅勒山洞（Pech Merle）的壁画后来被法国古代洞穴艺术专家亨利・布勒伊神父（Abbé Henri Breuil）称为该地区的“西斯廷教堂”（Sistine Chapel）。布勒伊神父对法国数十个洞穴进行了深入细致的考察，结果表明，人类丰厚的艺术传统的起源可以回溯到 3 万年前，这为我们认识和理解旧石器时代欧洲人的心智提供了一个独特的视角。

发现于佩什梅勒洞穴内壁和上旧石器时代其他遗址的岩画图案，清晰地表明了概念性、抽象性思想的存在，这是目前人类已知的最早的证据。肖维岩洞（Chauvet cave）壁画是法国已知的最古老的洞穴壁画，这些非同寻常的细腻画作被确认为是3.2万年前的作品。最近在意大利北部维罗纳附近的富曼恩洞穴（Fumane cave）发现的岩画作品的创作时间可能被确定在了3.5万年前，这应该是目前发现的世界上最古老的画作了。在所有这些洞穴壁画中，描绘对象的复杂程度和表现技法与过去相比有云泥之别。事实上，它们是早期欧洲人留下的精致的时间胶囊。这些手工绘制在岩壁上的精美的生活快照，被封藏在密闭的洞穴里，直到19世纪和20世纪才重现天日。

这些欧洲洞穴的居民是心智已开的艺术家，他们的文化显著区别于他们之前的尼安德特人。这标志着欧洲上旧石器时代的开始，并且也传递着完全意义上的现代人自此正式出场的信息。这些洞穴艺术家也留下了丰富多样的工具，这些制品和岩画一道让我们对创作者的心智有了少许了解。但是这些最早的欧洲艺术家——佩什梅勒、肖维和富曼恩的创作者——是现在西欧人的祖先吗？如果是的话，为什么会在3.5万年前突然登上历史舞台？对于这个谜团，遗传信息将为我们提供一些有用线索。

前面我们已经了解到，处于进入欧洲的通道上最显要位置的中东地区，事实上对现代欧洲人的基因库贡献甚微。单纯由M89标识确定的Y染色体谱系是生活在4.5万年前早期中东人口的典型特征，而这在西欧并不常见。横跨博斯普鲁斯海峡（Bosporus）从中东进入欧洲的路线很短，现代人却用了将近1万年的时间才取得重大突破进入西欧，我们不禁要问：为什么花了那么长的时间？要解决上旧石器时代的欧洲人究竟从哪里来这个谜团，我们需要检测西欧人口的基因标识，并查找欧亚人血缘谱系从哪里来，以及是何时来的。

在第五章的开始部分我提到过我的 Y 染色体的基因标记被定义为 M173。这个标记并非我所独有，事实上，它广泛存在于欧洲西部人群中。有趣的是，越往西走，这个标记出现的频率就越高，比如在西班牙和爱尔兰，90% 的男性身上都带有 M173 的基因标记。既然大多数人都从属于这个标记所定义的血缘谱系，那么 M173 就是西部欧洲具有压倒性优势的高频标记。高频告诉我们两件事：第一，绝大多数西欧人在过去某个时间点共有一位男性祖先；第二，发生了某些事件导致其他的血缘谱系消失。

渴望约会

在我们知道差不多全西欧的人都可以把他们的家族血统追溯到同一个男人时，我们绝大多数人最先想知道的事就是他究竟生活在哪个年代。我们的绝对时间测量法便派上用场了。如果我们对附着在 M173 的基因变异即多态性进行检测的话，我们就可以大致估计在突变时钟上究竟需要多少时间才可以产生它。但是如果所有的染色体都是 M173 的话，我们怎么去研究这些变异呢？难道它们真的都一模一样？

幸运的是，情形并非如此。尽管所有这些染色体都有着非常高的相关度，也共享着 M173 的基因标记，但是仍然存在着其他的标记可以对它们进行区分。和我们曾经研究过的那些用来定义时序，或者说相对日期的 Y 染色体谱系的稳定标记不同，这些标记并不介入基因代码简单的字母改写过程。

它们之所以存在，是因为人体生化过程存在某种缺陷而已。当我们进行自身 DNA 复制的时候，分子的双螺旋结构打开，被称为聚合酶的小机器事实上承担着合成完整副本的艰巨任务。请记住，如果我们知道 DNA 分子双螺旋链的其中一条的构成序列，那么根据分子生物学不可辩驳的法则，我们也能够知道另外一条。正如 A 总是和 T 结对出现，C 也总是和 G 结对。99% 以上的基因组都会运作得很好，这些字母组合成独一无二的顺序。人们很容易去辨别这些成对组合的作用机制。不幸的是，我们的基因有一小部分并非如此简单。它由被称为串联重复（tandem repeats）的序列组成，即若干基因片段以同样的顺序在 DNA 双螺旋结构的核酸链中重复出现。这通常会呈现出几个字母重复出现的形式，比如 CACACACACA……但是参与重复过程的字母可能有 3 个、4 个甚至更多。正像你预计的那样，聚合酶在遭遇这些冗余的基因片段时会不知所措。毕竟，完成一打甚至一打以上的更多重复后，你能否告诉我最后执行的是第 10 次还是第 11 次重复？于是，在相当多的情况下（概率将近千分之一），聚合酶会在合成完整的核糖核酸链时出错，增加或减少一个重复。如果原始的核酸链有 12 个重复的话，副本可能会随机产生 11 个或者是 13 个，结果随机，取决于分子水平的差错。这就是卢卡・卡沃利–斯福尔扎所称的基因“口吃”。

千分之一的发生概率听起来也许不太像一个非常普遍的现象，但是在我们讨论基因复制时它确实是个问题。如果聚合酶以这种频率制造出单字母片段的复制错误的话，我们就能够推导出这样的结果：每一次的复制都会导致将近上百万的错误或说变异进入我们的 DNA。既然基因复制发生在我们生育下一代之际，这就意味着每个孩子都会带着上百万的新的基因突变呱呱落地。生物学家对于这种突变水平很不看好，也许这个孩子压根就不能顺利出生，即使能出生，也有可能死于很可怕的遗传性疾病。就实际而言，突变的常规发生率看起来让人放心得多，也许每一代只有20个或30个，这只是我们所看到的基因串联复制差错概率的十万分之一，这就意味着在“常规”序列出现的新变异远不如在复制环节出现的变异多。这些复制发生在进化的赛车道上，以一种非同寻常的速度积累着多样性。

尽管这些复制对下一代的健康影响甚微，因为这些串联重复通常是在那些不怎么影响人类健康的基因的组成部分中出现的，但是也给我们提供了一种研究多样性的利器。这些被称为微卫星（microsatellites）的串联重复，在我们想梳理谱系多样性时尤其有价值，特别是用来分析类似单个字母片段变异不多的M173标记时。这种工具有助于我们确定绝对的年代，再用这个年代作为时间标尺来验证我们有关人类迁移的时间假设。因为基因突变发生的概率大体上是常量，变异程度能够告诉我们突变究竟持续了多长时间。这种研究能够告诉我们染色体究竟有多古老，因为所有的染色体都源于过去某个时间点的单一祖先。简而言之，在这个时间点上，基因的变异程度为0，因为当时只有一个样本。

在我们仔细检测M173标记染色体的几个微卫星串联重复片段后，我们会发现这种程度的变异大约花了3万年。当然，与任何其他时间估计一样，误差的范围可能会很大，但是M173标记最有可能起源于约3万年前。这个年代意味着绝大多数的西欧人的始祖生活在3万年前——这个数据与最近一次迁出非洲的时间一致，这再度表明尼安德特人不大可能是现代人的直接祖先。

重要的是，正是在欧洲大陆正式进入了上旧石器时代的时间节点上，尼安德特人消失了。尽管夏代尔贝龙显示出3.8万年前走向现代的短暂插曲，但只有在3.5万年前之后，我们才看到现代人类带着他们的新式装备，浩浩荡荡横扫整个欧洲，这以所谓的奥瑞纳文化（Aurignacian）的石器制作工艺的出现为标志。在 3 万年前左右，尼安德特人已几近销声匿迹，或许是退缩到类似西班牙的萨法拉亚（Zafarraya）那样的与世隔绝的贫瘠之地。在2.5万年前他们彻底灭绝了。基因推导出的时间和考古证据高度吻合，再佐以来自 3 万年前左右的为数众多的上旧石器时代文化遗址所暗示的当时人口大规模增长的不争事实，表明了咄咄逼人的现代人事实上取代了尼安德特人。但是真的是我们的祖先，在向欧洲扩张的过程中积极主动地杀死了他们的远亲吗？

含饴弄孙

解释尼安德特人灭绝这一事实的理论林林总总，为数众多。考虑到考古学和遗传学对于现代欧洲人抵达时间给出的判断高度一致，那最浅显直白的解释就是，尼安德特人被新来的征服者以某种类似种族灭绝的方式杀光了。但是，事实上没有任何证据支撑这种说法。无论是在法国还是在西班牙，我们没有发现任何史前的战争遗址，在那些深埋于地表之下的尼安德特人的骸骨上，我们也基本找不到大屠杀的痕迹。当然，考古学的研究也许会错过尼安德特人的滑铁卢之战，但是，至少从表面上看来没有任何证据显示存在过物种的内部战争。可以说，导致尼安德特人灭绝的不是我们的祖先，而是自然选择。

对于新出现的上旧石器时代的现代智人来说，他们最大的优势之一，在于他们拥有的复杂社会结构。正如我们已经看到的那样，这也许开始于早期对在东非大草原上狩猎的需要的适应。拥有更为先进的工具和更胜一筹的智力，我们这些现代智人祖先的社会性的合作狩猎效率令尼安德特人望尘莫及。这点从出土的尼安德特人遗骸中不难看出——

大量的证据表明了他们过着艰苦、重体力劳动的生活。绝大多数尼安德特人生前发生过骨折，很多人身上有着大面积的创口，而这注定会导致他们成为群体中最虚弱无用的人。现代智人用工具和头脑达成的目标，看上去尼安德特人只会用蛮力解决。正是这种过多消耗体力的生活方式导致他们相对短寿。很少有尼安德特人能够活到 50 岁，他们中的大部分人死于 30 岁上下。

此外，尼安德特人的社会结构向来松散，只有为数不多的一些可以辨识出来的群体，不同群体有着各自的工具制作风格。一些人类学家甚至认为，不同的尼安德特人群体也许使用不同的语言，而这无疑又进一步加剧了尼安德特人口的碎片化分布状态。无论这种说法正确与否，尼安德特人离散分布的本质特征有可能是对冰期末期北欧相对恶劣的生存环境适应的结果。这使得他们可以利用更广阔地域里的资源，从而提高发现食物的机会。反过来，这也有可能导致他们的灭亡。

人类学家埃兹拉·朱布罗（Ezra Zubrow）曾经做过这样的计算，在当时，生育率减少 1% 或者死亡率提高 1%，都会导致尼安德特人在 1 000 年内灭绝。尼安德特人群体规模的变化和他们被新来的、效率更高的上旧石器时代智人从资源地驱逐的节奏完全同步。在生存空间被挤压得越来越小的情况下，尼安德特人能够取得的生存资源也越来越少。于是，在生存消耗战中，尼安德特人的数量日渐减少，甚至在找配偶这件事上都困难重重。诚然，所有这些都只是我们的推测，但是这个推测和上旧石器时代现代智人到达欧洲的时间，现代智人在 3 万年前左右在欧洲开始扩张的线粒体 DNA 证据，以及尼安德特人在这一时间消亡的事实全然一致。

作为复杂行为适应能力的副产品，现代智人已经形成复杂的社会分工，这使得他们在与尼安德特人的较量中有着压倒性优势。这种分工有可能生发自上旧石器时代合作狩猎的需要，并最终演变为复杂社会网络。这种明确的社会分工和现代智人更少体力消耗的生活方式一道，赋予现代智人远比尼安德特人更长的寿命。大部分上旧石器时代的人的寿命超过了 50 岁，远超他们的生殖年龄。这也给我们提供了另外的线索来解释尼安德特人被取代的原因：有年长的人在身边是件好事。

依赖经验传授和后天学习来生存，而不是依赖生物本能来生存，是人与其他动物的重要区别之一。人类生命早期阶段的大部分时间都用在学习这件事情上，等长到 20 多岁的时候，我们中的绝大多数人都会认为自己已经掌握了足够丰富的知识，并且有能力去综合运用这些知识，或是指导比我们更年轻的人。我们越年长，积累的知识和经验就会越多，也就越有可能帮助我们的后代从这些经验里获益。我们的祖父母同大学教授一样，扮演着至关重要的“过来人”的角色，更重要的是，他们能够亲自传授这些经验。祖父母在身边还意味着更高的生育率，因为（正如任何新当父母的人能够告诉你的那样）有他们照看下一代，年轻的父母能够有更多的精力关注夫妻间的生活。这包括持续生育——也许正是这点小小优势导致了尼安德特人的灭绝。人类学家克里斯滕·霍克斯（Kristen Hawkes）认为，祖母照顾行为——孩子得到祖母的照料——对于现代智人的人口扩散具有基础性意义。也许就是这点微弱的优势，使得现代智人将尼安德特人逼入绝境。

垫脚石

不管是出于什么原因，尼安德特人在现代智人抵达欧洲后的几千年内消亡。从距今 3 万年开始，在欧洲发现的人类遗存只有现代智人的，他们通常被称为克罗马农人（Cro-Magnons）。该命名源自法国西南部克罗马农地区，1868 年该地区的洞穴首次出土了欧洲人祖先的一些骸骨。这些早期欧洲人的体型比他们的尼安德特邻居更为纤细、颀长。相对于尼安德特人约 165 厘米的典型身高来说，克鲁马农人的一般身高超过 180 厘米，四肢也长。对于埃里克·金考斯（Erik Trinkaus）这样的古人类学家而言，这样的身体比例表明他们来自气候更为温暖的地区。由于长期生活在较为寒冷的欧洲，尼安德特人拥有更加矮壮和肌肉更为发达的身体结构。这意味着克罗马农人是从更温暖的地方来到欧洲的。

正如我们所知，尽管我们希望找到非洲谱系经由中东传入欧洲的直接证据，但是在欧洲根本找不到中东族群的谱系类别。起源于 3 万年前的基因标识 M173，在今天一些相对来说与外界隔绝的欧洲人群中出现的频率也会很高（包括凯尔特人和巴斯克人），而它出现的年代大体相当于考古学家推断的现代智人在欧洲定居的时间。欧洲其他几个主要的 Y 染色体谱系都比 M173 时间短，原因应该是它们在欧洲出现的时间要晚于 M173，或者是从 M173 衍生出来的。如此说来，M173 是第一个现代欧洲人的可能标识，可以以此定义欧洲其他谱系。当然，它只是基因演变链的某个节点，顺着这条基因演变链条我们可以回溯到 M168，甚至 M168 以上的更为古老的非洲亚当。尽管如此，事实上是 M173 之上倒数第二的节点标识 M45 解决了最早的欧洲人的来源之谜。M45 是 M173 的垫脚石，它表明了欧洲人实际上是中亚部落民的一个亚类 。

正如前面我们讨论过的，距今 3 万到 4 万年时，干草原带一直延伸到了欧亚大陆的广大地带。在上旧石器时代的猎手眼中，这里的食物资源丰富得犹如天赐。沿着干草原带，现代智人既可以向西进入欧洲，也可以向东进入朝鲜和中国。在这个时期，这条干草原带有可能扩展到今天的德国境内，也可能包括法国。从在法国山洞发现的 3 万年前的动物骨头，我们可以知道驯鹿在当时的法国很常见，而驯鹿适合生存在寒冷的干旱草原和欧亚北部的冻原。气候变化为中亚干旱草原上的狩猎者打开了大门，让他们得以进入欧洲。而后来正如我们看到的那样，在区区几千年内他们迅速上位，并在欧洲取得支配地位。

干草原带的生活经历对他们来说十分重要，这里磨砺了他们的狩猎技能，促进了他们工具制作的技术提升，相对于他们刚刚出走非洲之际，这些经历确保了他们在与尼安德特人的生存较量中占据优势。当然，在中亚草原生活的数千年里，为了适应艰苦的生活环境，他们肯定形成了一种适应环境的文化模式。这个模式在数千年间战胜了尼安德特人在数十万年中形成的生物适应性——短小、粗壮的体型。作为来自非洲热带地区的最新移民，上旧石器时代的人一开始极有可能相当不适应北半球的气候，缺乏适应的装备。在某种程度上，正是中亚的干旱草原给了他们一个学习期，好去适应这个星球上最不适合居住的环境。相对于冰封的、狂风呼啸的哈萨克草原，西欧的山洞温和舒服得多。

这一磨炼过程也许可以解释为什么早期中东的移民没有立即进入欧洲。巴尔干半岛的山峦和森林对于适应了干旱草原生活的人来说多少有一点障碍，但是显然当时有一些人直接越过这里。通过他们的 Y 染色体的低频分布我们可以推测出他们并没有很好地适应西欧严酷的气候——但这仅仅是猜测而已。确凿无疑的事实是，绝大多数的欧洲男性，包括我自己在内，都可以将我们的祖先追溯到 3.5 万年前的中亚。而且很有意思的是，这也把我们和为数不多的西伯利亚猎人联系起来了，正是这些猎人，在上一次冰期的极度深寒中，顶着风暴走进了亚洲东北部的冻土地带。

最后边疆

克雷斯塔湾（Zaliv Kresta）孤悬于俄罗斯东部边缘的十字形海湾，距离莫斯科 1 万千米，这里有着苏联的定居点埃格韦基诺特。这里一年中有 6 个月是土地封冻、海水冰结的状态，与世界其他地方音信不通。要想去那里，唯一的办法是从离它最近的通航的阿纳德尔乘坐两个小时的直升机。之后再从埃格韦基诺特出发，乘坐全履带的装甲运输车，艰难跋涉 8 个小时，才能够到达北极圈的驯鹿人驻地。那里像是地球上最偏远的角落。

生活在如此艰苦的环境中，楚科奇人创造了适应环境的奇迹。他们发展出了一套独特的生活方式，这使得他们在难以想象的恶劣环境中生存下去。2001 年 11 月，我前去访问他们的时候，气温在夜晚会直线跌落到零下 50 摄氏度，深冬季节更会达到零下 70 摄氏度。从每年的 9 月开始到次年的 6 月，到处覆盖着厚厚的积雪和霜冻，大地俨然是来自另一个世界的冻原，找不到任何可以食用的植物。楚科奇人主要以驯鹿为生，也会在冰河上凿洞捕鱼。他们的生活方式和几千年前相比相差无多。他们用驯鹿皮和鹿筋缝制衣服，住在用兽皮和木杆搭建的帐篷中。驯鹿群季节性地迁徙，搜寻着它们唯一的食物——多汁的地衣。楚科奇人也随着驯鹿群四处迁徙。

对于绝大多数和我们一样生活在现代社会、惯于养尊处优的人来说，很难想象在这样严酷的环境下人类如何生存。然而就在这让大多数人难以存活的环境里，楚科奇人坚强地活着，繁衍不息。在过去数百万年间出现过的原始人类中，只有现代人在冰天雪地环境恶劣的北极存活了下来。严酷的环境不允许人类心存侥幸。自然选择只会青睐那些智力强大到足以在这冰天雪地的进化实验室生存下来的幸运儿。

这就很自然地解释了为什么我们发现的证据表明在 2 万年前人类才进入了亚洲的北极。如果真如遗传学和考古学数据暗示的那样，现代人在 4 万年前到达西伯利亚南部，那么他们还需要另外的 2 万年才能发展出适应北极残酷环境的生存能力。当然也有可能存在着之前没有被我们意识到的人口增长的压力，导致了他们向北迁移。不管是出于什么原因，西伯利亚东北部最早的人类遗址的时间都是始自 2 万年前，比如雅库茨克东南方的久科台，堪察加半岛的乌什开湖。这一时期，生活在西伯利亚地区的居民看起来已发展出显著区别于南部和西部居民的独特工具制造文化，这与他们高度适应严寒环境的生活方式相一致。他们尤其擅长将石头两侧打磨成对称的叶片状，以制造细石器，即石矛尖。类似的细石器在美洲进行的考古发掘中也有发现，这意味着史前的西伯利亚文化和美洲文化之间存在直接的联系。

很多年前人类学家们就推测美洲原住民和亚洲人有共同的起源。托马斯·杰弗逊（Thomas Jefferson）甚至在他 1787 年出版的著作《弗吉尼亚州笔记》（*Notes on the State of Virginia*）中这样写道：

> ……如果亚洲和美洲大陆是相互分离的话，那也仅仅是隔海相望……而且美洲印第安人和东亚居民相似的外表会让人不禁猜想，到底前者是后者的后裔，还是后者是前者的后裔……

亚洲东北部的居民和美洲原住民拥有一些相同的人类学特征——其中最为有名的是被称为铲形门齿的牙齿排列。20 世纪中期，卡尔顿·库恩等人类学家甚至在人种上直接把美洲原住民划归为“蒙古人”。然而，问题在于没有人准确地知道美洲原住民已经在此生活了多久，他们又是什么时候与他们的亚洲表亲分开的。直到 20 世纪 50 年代，新墨西哥州克洛维斯的一处文化遗址被发现，经过放射性碳素断代技术的检测，考古学家们推导出其年代为距今 1.1 万年。在克洛维斯人们还发现了树叶形状的石矛尖，并在同一土层中发现了业已灭绝的猛犸象的骨头。这对发掘者来说显然是一个伟大的发现。随后的 20 年间，在北美又发现了多处几乎同一时间段的史前人类遗址。从这些遗址的发掘物看来，美洲原住民踏入这块大陆的时间不会早于 1.2 万年前。

但是，到了 20 世纪 70 年代和 80 年代，人们又发现了三处新的史前人类遗址—— 一处在北美，两处在南美。它们将人类抵达新大陆的时间从克洛维斯的 1.2 万年前再往前提。在宾夕法尼亚州的梅多克罗夫特岩棚（Meadowcroft Rockshelter）出土的手工制品，经过放射性元素检测，推断出其制作时间大约为 1.4 万年前，把克洛维斯的时间再往前推了 3 000 年。这里进行的挖掘工作的细致程度让人印象深刻，考古学家们也将年代稍微往下进行了修正（大约 1.25 万年前）。这个结论得到了大多数人类学家的认可。智利南部的蒙特韦德（Monte Verde）史前人类遗址，年代与梅多克罗夫特大致相当，大约也是在 1.3 万年前。尽管附近发现的原始人使用的灶台据估计在 3.3 万年前，但是这个结论没有得到广泛的认可，大多数人还是认为蒙特韦德的时间和梅多克罗夫特相近，都在 1.3 万年前之后。

蒙特韦德史前人类遗址的年代表明，人类在到达智利之前至少已在北美生活了好几百年，这又把人类定居美洲的时间往前推了一点。但是真正引起轰动的是在巴西发现的史前人类遗址。1986 年，《自然》杂志发表了考古学家尼德·吉东（Niede Guidon）的一篇论文，在标题中，她将其发现简要总结为“碳-14 测定人类在 3.2 万年前到达北美”。这是她在巴西东北部佩德罗弗拉达的博克隆（Boqueirão）山洞挖掘的结果，看上去完全推翻了人类在 1.3 万年前到达美洲的结论。然而，经过更进一步的详细检测，结果证明吉东的结论站不住脚。吉东以为自己从遗址中找到的那块用来做放射性测量的木炭是当时人类生活用火的残留物，但实际上很可能是自然火留下的。与此同时，遗址中发现的大量被认为出自史前人类之手的粗制石制品，也难以令人信服，它们也可能是石头自然风化破碎形成的。正是这些疑点的存在，使古人类学家理查德·克莱因做出这样的判断："在佩德罗弗拉达的发现也许很快就会被列入有关人类在美洲定居时间的种种可疑声明中了。"

总的来说，大多数确凿的考古学证据都表明人类最早是 1.5 万年前定居美洲的。当然，在这种情形下还有一个小问题：当时正值冰期的最顶峰，如果像人类学家和考古学家推测的那样，最早进入北美的人来自西伯利亚，那么他们在到达终点之前不得不穿越当时地球上最为严酷的环境。对于那些离开热带家乡不久的人类来说，那意味着一段炼狱般难以想象的历程。这样的旅程真的不可能发生吗？这个时候，遗传数据能够给我们提供更多线索。

道格·华莱士（Doug Wallace）是亚特兰大的埃默里大学的遗传学家。20 世纪 80 年代早期在斯坦福大学求学期间，他帮着开创了人类线粒体 DNA 分析方法。在 20 世纪 80 年代中期转入埃默里大学后，他就潜心于美洲原住民的起源研究，尤为突出的研究是尝试将线粒体 DNA 作为工具，追踪早期美洲原住民的亚洲祖先。1992 年，他和安东尼奥·托里奥尼（Antonio Torroni）出版了该研究的第一份重要报告。报告显示，美洲原住民至少是在两波移民潮中到达美洲的。第一批到来的居民定居在了北美和南美；第二批只在北美留下了基因踪迹。他们对于两次迁移潮发生的时间给出的估计跨度较大，可能在 3.4 万年前到 6 000 年前的任意时间。他们的研究确认了美洲原住民和东北亚人拥有距今较近的共同线粒体谱系。

但是这些结果和我们的Y染色体数据一致吗？1996年，彼得·昂德希尔和他的同事们回答了这个问题。昂德希尔发现，Y染色体上的一种核苷酸变异（后来被命名为M3）在美洲原住民身上很普遍。尽管他们在研究美洲原住民时进行的取样工作并非巨细无遗，但是结果清晰显示出，在南美洲和中美洲90%的原住民样本上都有M3，北美洲原住民则是约50%有此血统。显然，这是美洲原住民Y染色体的主要标记，我们可以此定义美洲原住民血统。

现在唯一的问题是，我们在亚洲没有发现M3。这可能与它出现的时间有关。昂德希尔和他的同事们推测出M3存在的时间不超过2 000年，但是，这个年代估计很难说是准确的。比如在Y染色体分析的早期阶段，我们用来推断M3的多样性时所使用的单个微卫星的突变率是高度不确定的（之前我们在欧洲用同样的方法测定过M173）。因此，它实际出现的时间仍然有可能早至3万年前，但显然这还需要做更多的工作才能验证。

到了1999年，牛津大学的法夫里西奥·桑托斯（Fabricio Santos）和克里斯·泰勒-史密斯（Chris Tyler-Smith），以及亚利桑那大学的坦尼亚·卡拉费特（Tanya Karafet）和迈克尔·哈默分别发表了研究成果，指出M3的祖先由一段被称为92R7的基因标记确定，它得名自Y染色体上一段此前没有被定义的核苷酸。他们发现从欧洲到印度，92R7广泛存在于欧亚大陆。考虑到其他核苷酸的变异情况，研究表明美洲原住民的祖先源自西伯利亚，这与华莱士的线粒体DNA研究结果如出一辙。但是，由于92R7的分布范围相当之广，要推测这个血统谱系的年龄实在困难，研究人员还需要找到这个谱系上的其他标记，才能找到最早出现在美洲的居民。

此后进行的研究发现M45标识与92R7有着相同的Y染色体谱系，

这一研究结果意义重大。欧洲的 M173 由中亚地区的标记演化而来，看上去中亚人也把它带到了新大陆，并且在这一过程中产生了 M3 标记。这能够帮助我们清楚地追踪从非洲到中东，再经欧亚干草原带到美洲的迁移路线。但现在我们还是没法确定人类是何时进入美洲的，综合考虑遗传学和考古学结论，它可以是 4 万年前到 1.2 万年前这个时段的任何一个时间节点。

马克·塞尔斯塔德和我近来就 M45 谱系展开的分析进一步确定了一个新的标识 M242，它由 M45 派生而来，大约 2 万年前出现在中亚或南西伯利亚，在亚洲从南印度到中国再到西伯利亚都有发现，当然也出现在了美洲。因为它在西伯利亚出现的频次最高，因此也被称为西伯利亚标识。它也被认为是 M3 的直接祖先，因此，形成了从 M45 到 M242 再到 M3 的进化顺序。这表明了在过去 2 万年间有移民从中亚进入美洲。M242 看起来是美洲原住民中最古老的基因标识。由此，Y 染色体研究成果给我们描绘的原住民基因图像与线粒体 DNA 的研究成果是一样的，但是显著地缩小了他们进入美洲的时间窗口。很显然，人类在早于 2 万年前的时期进入美洲是不太可能的，因为那个时候 M242 还停留在中亚。所以人类一定是在 2 万年前之后更近的时间才从西伯利亚迁出的，这样的推断与考古学证据更为一致。

在对美洲原住民进行基因分析的过程中，一幅迁徙的画面浮现出来，在 2 万年前，西伯利亚族群开始从南部向东部迁移。最早的迁移形成了生活在亚洲东北边缘的群体。得益于在中亚干旱草原形成捕猎生活能力，他们几乎完全依赖于远东地区的大型哺乳动物，诸如麝牛、驯鹿和猛犸象等勉强维生。他们堪称完美猎手，拥有精心打制的细石器、可迁移的住所和能够抵挡酷寒的衣服。这些在冻土带发展出良好适应性的居民逐步向东拓展他们的势力范围。冰期的温度逐步跌至最低点，

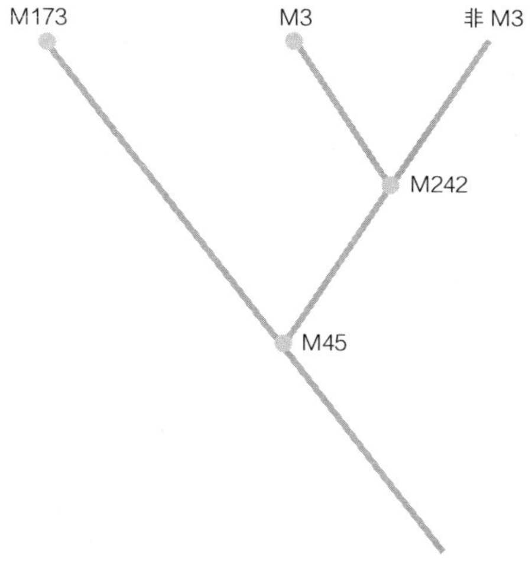

图8 M45是绝大多数西欧人的祖先（拥有M173标记），它同时也是美洲原住民的祖先（拥有M242和M3标记）

越来越多的水分被冻结在冰盖中，海平面可能由此下降了超过100米。这样白令海海底的部分土层冒出水面，形成了一座连接西伯利亚和阿拉斯加的大陆桥。西伯利亚族群通过这座大陆桥来来往往，同时过着亚洲人和美洲人的生活。

但是，这些1.5万至2万年前的第一批美洲原住民显然还有不止一个障碍需要克服。自然而然地，当他们向南进发的时候，就会被覆盖在加拿大北部和阿拉斯加东部大部分地区的绵延不断的冰川阻碍。只有在1.5万年前之后冰川开始消退的时候，他们才有可能通过所谓的“无冰走廊”横穿原来冰封的土地进入北美大平原，一些古气候学家相信这条走廊就坐落在落基山脉东部边缘。也就是在这个时期前后，灰熊首次由西伯利亚进入北美，这也说明人类不是唯一被阿拉斯加冰川阻挡住的物种。考虑到这 2 万年之久的基因年龄与作用于冰层和海平面的扩张相关的气候学推论，我们可以解释为什么在美洲找不到在这个时间之前的考古学遗存。尽管将来有可能发现存在于 1.5 万年前的史前人类文化遗址，但目前我们所掌握的绝大多数的证据都倾向于人类进入美洲的时间相对较晚这一事实。石头和遗骸似乎都站在了 DNA 一边。

命由天定

很有意思的是，我们可以根据美洲原住民所拥有的遗传数据，估计在首次迁徙时究竟有多少人进入美洲大陆。通过分析当前美洲基因谱系分布现状所需要的染色体数量，并弄清楚人类进入美洲大陆至今所积累的多样性，我们可以算出北美原住民现有的线粒体 DNA 和 Y 染色体大约来自一个 10 人到 20 人的先祖群体。因为在过去这 1.5 万年间有些谱系已然灭绝，正如我们前面所讲的法式汤谱的例子，研究中我们不可避免地会低估真正留下后代的人数。也许是数十人，也许是数百人，成功地完成了这次跨越大洲的旅程。很显然，美洲原住民的多样性只是欧亚居民多样性的一个部分而已，欧亚人也只是非洲老祖宗的一个分支。在那批先期进入阿拉斯加的人当中，也只有少数几个人留下的后裔发展壮大。美洲原住民基因库里还携带着其白令的祖先经历过的艰难生活的记号，数千年前他们往冰天雪地深处愈走愈远，在极北冰封的荒原艰难地讨生活。

挺过冰天雪地的严酷生活环境之后，北美平原就像上帝的应许之地。这里有一望无际的草原——正如很久以前他们离开的中亚干旱草原带，成群的食草动物出没其中。这就像某个曾经乘坐木筏在海上漂流了好几个星期的人突然被送到了超级市场。这些高效的西伯利亚猎人充分利用了他们新发现的财富，结果是人口急剧增长。在短短的 1 000 年中，他们充斥美洲，扩散至南美洲尽头。在这期间他们把平原变成了杀戮场，直接导致了多种动物灭绝。北美将近四分之三的大型哺乳动物在那时被猎杀至灭绝，其中就包括猛犸象和马——后者直到 15 世纪才由西班牙人重新引进。当然这也不能完全归因于人类——冰期末期的气候变化也发挥了重要作用。也许正是这些变化给了平原上温和的大型动物致命一击。

移民狂潮

北美原住民起源问题研究中最有争议的一个话题看似简单：究竟有多少次移民的浪潮涌上这块大陆？如果最早的美洲人来源于西伯利亚，那么后来的移民会不会来自更远的地方？近期在华盛顿州肯纳威克发现的距今 9 500 年的高加索人种头骨，提示我们美洲和欧洲之间存在着古老联系。一些人类学家相信，澳大利亚的原住民曾经进入过南美洲，而另一些人相信数千年前日本人设法做到了驾船横穿太平洋。遗传数据能不能帮助我们找到真相？从而排除掉那些似是而非的可能性？

语言学为我们提供了一条线索。据估计，美洲原住民使用的语言超过 600 种，它们彼此之间有关联吗？还是说自成体系，没法归到一个完整体系中去？这是语言学家们长期以来争论不休的热点话题。下一章我们会重点提到的美国语言学家约瑟夫·格林伯格（Joseph Greenberg）在 20 世纪 50 年代抛出了一个观点，即绝大部分美洲原住民所讲的语言可以归为一个语系，也就是他所称的美洲印第安语（美印语系）。尽管他的理论没有得到广泛接受，但是格林伯格不断提出新的论据，因此很多学者也开始接受这种观点。美印语系包括南美和北美大部分地区的原住民语言。除美印语系之外，语言学家还识别出其他两个语系：爱斯基摩-阿留申语系和纳-德内语系。爱斯基摩-阿留申语系的使用范围为格陵兰、加拿大北部部分地区、阿拉斯加和东西伯利亚，而纳-德内语系的适用范围是加拿大西部和美国西南部。从这些语系里，我们能找到美洲移民的历史线索吗?

格林伯格认为，每一个语系代表了从亚洲到美洲新世界的一次移民浪潮。在迁徙过程中，不同语系随着使用者的移动散布到不同地区，从而形成我们今天所见到的不同语系的分布情况。每种语言的使用者随着他们在美洲迁移而扩散，形成了我们今天看到的语系分布情况。这种理论其实是在暗示使用同一语系的人在基因上也有关联性——因为语言的流动，实际上是人的流动。在族群扩散的过程中，基因也会随之发生变化。最近的基因研究支持格林伯格的分类，研究显示确实至少有两波移民潮涌上美洲，它们分别发源于亚洲的不同区域。

格林伯格认为美印语系是由最早的移民潮带来的，因为它传播得最广，而且整个南美只有这一种语系。遗传数据可以证明这一点，在南美和北美使用这一语言的人群中 M242 和 M3 的携带者比例很高，这两种基因说明他们属于西伯利亚族群。托里奥尼和华莱士获得的染色体 DNA 数据也同样显示出，美印语系的使用者是美洲最早的定居者。看起来这些现代美印语似乎是由那些越过白令海的猎手所使用的语言演变过来的。1.2 万年的部落分化，产生了我们今天看到的非同一般的语言多样性。

纳-德内语系是第二大分布广泛的语系，格林伯格对此给出的解释是，它代表了第二波移民潮。实际上这一点也被遗传数据证实。很有意思的是，这一次进入美洲的人携带着沿海居民的标识 M130。在操纳-德内语的人群中，多至 25% 的男性携带着这种标识，与此相比，在讲美印语的北方邻居中这一比例要低得多。更说明问题的是，我们没有在南美发现 M130。从遗传数据可以看出，第二次移民发生在 1 万年前，移民来自中国北部或是西伯利亚东南部。在那个时候，曾经出现在白令海峡之上的大陆桥再度消失在海水中，所以几乎可以肯定这些移民是从海上航行而来的。这种观点被纳–德内语系现在的分布状况支持，因为它仅仅局限于北美洲的西半部分。这表明他们的祖先沿海绕太平洋的边缘，一直向南走到了加利福尼亚。当今纳–德内语系的分布描绘出了一条连续的海上移民路线：5 万年前人类从非洲开始，沿着海岸线持续移动，向东经印度到东南亚和澳大利亚，其后才向北进入北极和美洲。这些地区都发现了沿海居民的 M130 标识，这说明在这些分布很广的居民之间存在很深的联系。

那些说爱斯基摩–阿留申语的人的情况又如何呢？似乎这群人并没有一个清晰鲜明的基因特征，很有可能他们是携带 M242 标识的西伯利亚族群的一个分支，过着沿海生活。他们向东迁移，直到格陵兰，坐着他们的皮艇捕捉海象和海豹，但是其基因谱系把他们带回到西伯利亚，那些定居在 2 万年前的冻原上的猛犸象猎人是他们的祖先。

至于来自欧洲或是澳大利亚的其他的移民潮，现阶段还没有找到具有强烈说服力的基因证据。M130 标识把操纳–德内语的美洲原住民与澳大利亚原住民联系起来，实际上这一关联的意义更为深远，表明他们在数万年前曾经有一个共同的东南亚祖先。同样，欧洲人和大多数美洲原住民拥有共同的祖先，中亚的 M45 标识在两个族群中都高频次出现透露出这一点。进一步说，既然西伯利亚人和上旧石器时代的欧洲人都来自中亚同一人群，刚开始时他们应该看起来很相似。肯纳威克人很可能是来自西伯利亚的第一批移民的后裔，因此也许保留有他们中亚人群的特征，这种特征也被指称为高加索人种。实际上，在美洲发现的很多早期原住民的头盖骨，和今天的美洲原住民比起来，欧洲人的特征更为明显。这意味着他们的外形随着时间流逝也发生了很大变化。今天的美洲原住民看上去更像蒙古人种或东亚人种，他们可能是在第二波移民潮中进入美洲的移民的后代，把 M130 标识从东亚带到美洲。然而，在当代美洲原住民中，找不到携带着 M175 标记的中国或日本水手横渡太平洋而来的证据。遗传数据所展示的画面相当清楚：每一批到达美洲的移民，都是经由西伯利亚抵达的。

大爆炸

距今 1 万年的时候，除了南极洲外，人类已经占领了地球的每一块大陆。仅仅 4 万年，我们的现代人祖先从东非启程，勇敢地征服沙漠，翻越高山，踏过远东地区冰天雪地的冻原，直到抵达南美洲南端的火地岛。旅程中支撑他们的是人类独有的灵性，他们完美地适应了与其非洲出生地大相径庭的生存环境。在这些上旧石器时代的漫游者在新的土地定居下来以后，新的奇迹出现了，尽管只是开始于一些微不足道的尝试，但是它深刻地改变了人类与大自然的互动方式。这一变化可以被称为人类进化史上的第二次大爆炸，正如大跃进在人类历史中的重要作用一样，它将启动人类另一段新征程——进入人类有史记载的新领域。

第八章

文化的重要性

在世界初创，诸神诞生之际，每个（女）神都有维护这片土地的任务。这种艰苦的劳动引发了抱怨，大家要求寻找更好的解决办法。有一天，水女神纳木（Nammu）决定用黏土创造人类；她把这任务交给了恩奇（Enki）和宁玛赫（Ninmah）。她们喝了很多啤酒以后开始玩造人游戏，一个创造人，另一个为这些人赋予角色。在她们造出的人中，有三个生殖器畸形，她们就让这三个当祭司；有一个完全无法独立生存，无法站立或自己进食，不得不一直被抱在宁玛赫的膝头：这就是最早的人类婴儿。

——苏美尔创世神话

夏威夷群岛位于太平洋中部，距离最近的北美大陆有 3 200 千米。今天，它是美国的主要旅游目的地之一，每年有数百万游客造访这里的海滩。从加利福尼亚出发的短途飞行、鳞次栉比的酒店以及火奴鲁鲁便捷的交通让人感觉不出这些岛屿与世隔绝。而今原住民夏威夷人在他们的故乡算是人口比较少的群体，但这是过去 100 年的正常情况，因为他们曾经是世界上最孤独的人群之一。同澳大利亚人一样，很显然他们肯定是从别的地方到达夏威夷群岛的，因为岛上没有任何其他的原始物种。认为他们是乘坐小船航行到这里的想法看似荒诞不经，然而，就像五六万年前的澳大利亚海岸移民一样，夏威夷的原住民毫无疑问就是进行了这样的旅行。

当库克船长（Captain Cook）于 1778 年抵达考艾岛时，他根本不知道夏威夷人很久以前进行过的古老航行就到达过这个遥远的偏僻角落。库克船长乘坐决心号（Resolution）战舰进行了一次为期 4 年的远征，探索北太平洋，试图发现大西洋和太平洋之间尚不为人知的西北通道。库克还以他的恩人桑威奇伯爵（Earl of Sandwich）的名字将群岛命名为桑威奇群岛。而夏威夷原住民，尽管被视为很有趣的人类学标本，却没有得到平等对待，甚至连他们对自己的土地命名都被忽略了。

库克注意到夏威夷原住民的原始特征，特别是他们仍然生活在“石器时代”这一事实：他们既没有金属冶炼技术，也没有文字。事实上，当他第一次遇到他们时，他们对决心号的航海设备所持有的怀疑反应也让库克推断他们从未乘过船。然而，尽管夏威夷人的生活方式明显原始，但是为到达他们现在的家园，他们确实进行过史诗般的海上航行。这样的航行也非独一无二的：距离夏威夷最近的有人居住的岛屿是东南方向 3 500 千米外的马克萨斯群岛（Marquesas Islands），除此之外再越过 1 500 千米的开阔海洋，才能到达仍然还在太平洋中部的社会群岛（Society Islands）。如果人们是通过最直接的跳岛路线（把每个有人居住的岛屿以最短的直线相连）来到夏威夷的，那么应该要经过至少两条极长的海路以及许多短途海路才能到达。显然这绝不是仅凭运气就能做到的。这些征服了夏威夷群岛的波利尼西亚海员都是成功的水手，他们能够在整个太平洋地区相距遥远的陆地岛屿之间旅行，而不必依赖罗盘或钟表来推断经度。

根据在波利尼西亚发现的有关人类存在的最早的考古学证据，人们现在普遍接受了这种说法：这些技艺高超的海员在过去 4 000 年内完成了他们所有的航行。是什么促使他们跃入太平洋的未知世界呢？如果人类至少在第一批人到达澳大利亚的时候就拥有了跨越开阔海洋的能力，为什么他们需要花费这么长的时间才到达波利尼西亚呢？为了找到这些问题的答案，我们必须回到欧亚大陆，寻找导致波利尼西亚人长途冒险旅行（the Polynesian odyssey）的真实原因。

与过去的决裂？

苏尔坦山（Tell el Sultan）坐落在耶路撒冷东北 25 千米处的犹大山脉东坡上。阿拉伯人用 Tell 这个单词来指代人类长期活动留下来的土墩。考古学家们从 19 世纪 70 年代起就一直在那里挖掘。大多数人都在为圣经故事寻找证据，事实上，苏尔坦山最晚近的文化堆积层确实属于《圣经》中的城市杰里科（Jericho），人们通常用这个名字来称呼这个地方。这些从 4 000 年前到晚近时代的文化遗留物得到了相当细致的勘查研究，而且考古学家们在发掘工作中也发现了比这还要早的人类活动的证据。不过，只有在 20 世纪 50 年代中期凯瑟琳·凯尼恩夫人（Dame Kathleen Kenyon）进行重点发掘工作之后，这些更早时期的文化堆积层才得到了系统的发掘和探索。我们既有的人类历史的观念也因凯瑟琳·凯尼恩夫人的发现而发生了改变。

凯尼恩在杰里科发现了人类定居的证据，这些人生活在约公元前 1 万年的狩猎–采集群体里，他们依靠猎物和水资源为生，其生活方式与 3 万年前上旧石器时代的祖先大同小异。紧接着，在这上面，她发现了一个早期农耕社区的遗迹，时间大致在上述人类定居之后。由她挖掘出土的带有石膏和贝壳装饰的头骨，作为祖先崇拜文化的证据，成为考古学界最广为人知的文物。这些出土文物和其他那些让人联想无穷的遗迹使凯尼恩成为她所处时代最著名的考古学家之一。在这种种发现中，对史前史研究影响最为卓著的是她所发现的早期人类定居的时间。在此之前，人类史上第一个已知的村庄的存在历史可追溯到公元前 5000 年，而真正的城镇出现在 2 000 年后。通过放射性碳素断代技术的检测，杰里科最底下的城市堆积层可以追溯到公元前 8500 年左右，这就意味着这次发掘将人类第一个永久性居住区出现的时间往前推了 4 000 年。凯尼恩在杰里科的考古发掘向我们揭示出了世界上最早的农业定居社会的证据。

在人口高密度聚居，依赖农耕作物和驯养动物的当代，人们很容易忘记，就在几百代人之前，人们都还是狩猎–采集者。对我们大多数人来说，自旧石器时代以来，生活已经发生了如此翻天覆地的改变，以至于我们以为自己从一开始就过着像现在这样的生活。事实上，正如杰里科考古发掘现场那深深的大坑直接呈现的那样，大约在 1 万年前，人类突然间从狩猎–采集生活转向安居乐业。这一事件发生的时间段特别有意思，它几乎是不约而同地发生于世界各地的多个独立地点。这表明，上旧石器时代的人类之所以会放弃游牧的生活方式，转身扎入驯养生活的幸福安稳，一定有着一个共同的原因。

在杰里科最早的定居文化层，或说新石器时代文化层之后紧接着出现的是中东文化层。该文化层属于一个被称为纳吐夫文化（Natufian）的昙花一现的文化。这个文化因它首次被发现的地点，以色列的安–纳吐夫谷（Wadi an-Natuf）而得名。纳吐夫人主要靠采集谷类植物维持生计。这些谷类植物是小麦和大麦的祖先，在当时的中东地区生长繁茂。当时正值最后一个冰期的结束期，地中海东部日益温暖。气候的改善使得高纬度地区的大型谷物类植物和坚果树的生长比在冰期更为旺盛，这给纳吐夫人提供了可以深度挖掘的新资源。通过专注于研究并利用这些丰富的物种，纳吐夫人得以在一个地方定居下来（紧挨着他们喜爱的植物），并且始终能够收集到足够生存所需的食物。

中东考古学家们发现，最后这个冰期的末期也正是地中海东部气候急剧变化的时期，总体而言是从大陆性气候向地中海气候转变。正如考古学家布雷恩·费根（Brian Fagan）总结的那样，这样的转变生成了一个拥有长而干燥的夏季和短而潮湿的冬季的生态地带。这样的气候变化有益于草本植物生长，它们在春天结籽，然后在夏天休眠。早期的人类会在春季充分开发这些相对来说丰富多样的食物资源，收获大量的种子，然后储存起来以备当年余下的时间使用。这种集中的采集行为有利于定居的生活方式，为随后到来的革命奠定基础。

公元前9000年之后，随着全球气温上升的全面影响，地中海东部的夏天变得越来越干燥。气候变化造成了谷物产量的减少（就像遥远过去的干旱时期一样），这有利于流动性。然而，储存他们采集到的粮食的必要性却把纳吐夫人固定在一个地方。在谷物减产和相对稳定的定居生活方式这两种作用力的共同作用下，新的变革出现了，那就是人们开始种植一些之前采集到的谷物（实际上是种子）以简化采集过程。杰里科地区的一些纳吐夫人定居点在随后的几百年间一直在尝试这一变革。跟踪这一变革，凯尼恩夫人在杰里科的挖掘工作甚至追溯到了新石器时代以后的发展。考古学家和人类学家继续争论在第一批农作物被种植下去之后发生了什么，是否需要用水维持作物生长，而这是否导致了灌溉的发展，灌溉是否又相应助长了水权问题和社会等级制度等一系列问题。显而易见的是，冰期的结束似乎触发了一系列事件，在随后的 1 000 年内，这些被触发的事件也将随着定居的农业社区的发展而进入高潮。考古学家戈登·蔡尔德（V. Gordon Childe）所称的“新石器时代革命”已然到来。

第二次大爆炸

新石器时代对于人类意味着一个重大转折点的出现。正是在这个转折点上，我们不再完全被气候控制——就像我们在旧石器时代逐水草而居那样——我们开始尝试控制我们自己的命运。通过农业生产，新石器时代的人类有了几个标志着现代文明的新特点。第一个特点是新选择。住在杰里科的纳吐夫人做出了一个有意识的决定，不再每天行进好几英里去搜寻食物。他们决定通过改变自然的形态来迎合人类的行为习惯，打造出一个适合人类生存的环境。尽管我们会发现部分狩猎-采集者也会进行环境控制（例如，澳大利亚人会定期焚烧灌木丛，以利于他们捕猎的草原动物繁殖），但是中东、中国和美洲的早期农夫却直接控制着这些物种。这给了他们更多的选择，也让他们能在那些不利于狩猎和采集的边缘地带生活。

第二个特点是人口密度的剧增。种植作物并安顿在一个地方的结果之一就是限制开发有限资源的必要性降低了，毕竟，如果你想拥有更多的孩子，你只需要简单地多种植及收获农作物。虽然上述说法有过度简化之嫌，但的确，定居的农业社会比狩猎-采集社会拥有更密集的人口。选择居住地点的自由也共同导致了人口的急剧膨胀，以及农耕者在整个地区的蔓延。古人口统计学家利用考古学和人类学方法研究既往的人口规模，他们指出，全球人口在农业开始起步的时候大约是 1 000 万；发展至工业时代早期（大约在 1750 年），世界人口已经上升到 5 亿多。如果说旧石器时代的狩猎–采集者用了 5 万多年的时间才将原先在撒哈拉以南非洲地区的几千人增加到散布全球的数百万人的话，很显然在最近 1 万年的时间里，我们的农耕者有效弥补了失去的时间。

新石器时代革命的最后一个新特点是，它展示了新技术对于人类迁移的重要性。如同 2 万年前中亚干草原带的定居者利用自己的技术优势占据了西伯利亚地区一样，那地区对我们的原始人祖先来说曾经是禁区，后来我们这些更为晚近的祖先也从技术中获得了适应性优势。农业无疑是过去 1 万年间的首个重大技术发展，它将启动人类社会发展的大规模加速进程。实际上，我们要等上超过 9 000 年，才能看到相似的另一系列技术变革，开启人类历史上的又一个新纪元。如果说大跃进为人类历史上的第一次大爆炸奠定了基础，并让我们遍布世界，那么农业即将启动第二次大爆炸，并使我们的物种进入现代。

基因辐射

在农业对于现代社会的发展发挥着关键作用的同时，农业的遗传效应也同样显而易见。上旧石器时代的狩猎–采集者倾向于维持一个相对稳定的人口规模，除非拓殖新的领土，人口很难增长。而农业社会让人们能够在不离开家园的情况下进行大规模的人口扩张。随着最初的农业社区的规模趋于饱和，他们的居民会逐渐向更远的地方迁移，寻找可耕种的土地。在类似这样的迁徙过程中，他们会携带着自身与生俱来的遗传标识。这样做的结果之一就是我们会看到特定遗传谱系的扩张。这个过程能够为我们提供有关农业起源和农业传播的某些信息。就中东而言，今天的西部欧亚人的基因组仍然保留着 1 万年前杰里科发生那些事情的印记。

考古学家很早就知道，农业在数千年的时光里从起源地中东的“新月沃地”传播到了欧洲。人们在巴尔干地区发现了最早的证据，而且越往西北移动，这些一点点出现的证据的年代就越晚近。就在相对来说不久的近代，古不列颠人（ancient Britons）才抛弃了狩猎-采集的生活方式，而他的那些杰里科的表兄弟已经在几千年前就这样做了。最重要的是，正是那些最初在新月沃地里被栽培的植物品种，出现在欧洲农业进步的新浪潮中。看上去，欧洲的狩猎-采集生活方式业已被中东新发明取代。

20 世纪 70 年代，遗传学家卢卡·卡瓦利-斯福尔扎、阿尔伯托·皮亚扎（Alberto Piazza）和保罗·梅诺齐（Paolo Menozzi）共同发起了一项农业遗传效应的研究。他们提出的问题是，农业究竟以何种方式进行传播。他们尤其想知道农业向欧洲的传播是否标志着人口的迁移，或者仅仅是一种迷人的新文化的传播，就像那个时代的 MTV（音乐电视）一样。实际上，他们是在问一个关于现代欧洲人基因组成的问题。是否有证据表明某些遗传标记是由中东扩展而来的？现代欧洲人相对更少地带有新石器时代人的标记吗？

在研究结束之时，唯一可用的数据是我们之前在第二章中了解到的那些被称为“经典”的标记，即血型和其他细胞表面的蛋白标记，这些标记作为唾手易得的多态性，却很难提供其潜在的 DNA 序列变化的详细信息。通过分析这些标记，卡瓦利-斯福尔扎和他的同事们得出结论：基因曾经大规模从中东地区迁移出去，其遗传图式与我们观察到的最早的农业传播图式大致相仿——从欧洲的东南部到西北部，遗传信号呈现出有规律的递减。这项研究使用的分析方法限制了研究人员所能推断的内容，因为不太可能获得有关这一移民行动的准确日期，但是他们的发现证实了这样一种理论，即农业的传播扩散是与从事农业的农民人口的增长同步进行的；反过来说，这不是一种纯粹的文化“迁移”现象，即上旧石器时代的欧洲人学会了农业技术。

卡瓦利–斯福尔扎的研究结果成为大家公认的智慧之识，也成就了他们所称的有关农业扩散的“进步浪潮”模式。许多人（虽然不是卡瓦利–斯福尔扎和他的同事）做出的假设是，欧洲基因库的大部分内容源自新石器时代，因为它是欧洲占据主导地位的遗传模式（尽管卡瓦利–斯福尔扎后来的工作表明，它其实只占不到三分之一）。许多人类学家对此持怀疑态度，但要等到 20 多年后，这个模型才得到认真的再评估。20 世纪 90 年代末，牛津大学的马丁·理查兹（Martin Richards）和他的同事们对欧洲和亚洲西南部的 mtDNA 谱系进行了详细分析。在一系列科学论文中，他们分析了来自欧洲和中东地区既定群体的 mtDNA 谱系，并使用与我们之前了解过的方法类似的绝对方法对谱系进行了详尽的定年测定。这使得他们能够评估各类移民对于欧洲基因库的相对贡献份额。他们的研究结果表明，农业的扩张并没有对欧洲人口产生显著的遗传影响，而仅仅涉及为数不多的中东移民。欧洲绝大多数的血缘谱系似乎在 2 万到 4 万年前的上旧石器时代就已经存在了。

对于理查兹的研究，卡瓦利–斯福尔扎等人提出的质疑之一是对于欧洲群体来说，mtDNA 实际上能够提供的辨识度非常有限，例如，单独使用 mtDNA 数据时我们很难区分东欧人群和西欧人群，因为他们都具有非常相似的 mtDNA 标记模式。尽管如此，有关 mtDNA 的研究结果仍然具有启发性。由于男性血统具有更大的内在辨识度，我们需要进一步观察男性谱系，看它是否表现出相同的模式。

这项工作最终在 2000 年完成，当时奥尔内拉·塞米诺（Ornella

Semino）和她的同事，包括卡瓦利-斯福尔扎，分析了来自欧洲和中东的1 000多名男性的Y染色体，专门寻找农业扩张的证据。他们发现，为新石器时代的中东标记所定义的血缘谱系只在少部分现代欧洲人身上存在。实际上，这些来自Y染色体研究的结果与mtDNA研究得出的数据几乎如出一辙，这表明欧洲基因库80%的组成部分可以追溯到其他的移民潮，当然，主要是发生在上旧石器时代的移民潮。在西欧，这些来自上旧石器时代的血缘谱系很大程度上是由我们的朋友，上一章提到过的M173定义的。正是M173将欧洲与中亚联系起来。只有20%的欧洲人Y染色体由更晚一些出现的标记，尤其是被称为M172的标记定义。M172源自新石器时代的中东移民。实际上，现代欧洲人无论是从母系还是从父系上说基本上都是基因上的克罗马农人。

这并不是说农业的出现对欧洲没有任何影响。有明显的基因证据表明，在最后的冰期结束之后，欧洲人口出现了显著增长，而且，几乎可以肯定的是，人口的增加和食品生产的开始同步。这方面的证据得自美国麻省理工学院戴维·瑞奇（David Reich）及其同事进行的一项最新研究。他们分析了基因组许多独立区域的标记，从中发现了一种变异模式。这种模式表明3万年前至1.5万年前欧洲人口的整体规模曾经出现过持续的大幅下降，这是因为当时欧洲正进入冰期的极寒阶段。在这次冰期结束之后，少数幸存者逐渐使人口增长，这导致了今天欧洲血缘谱系的变异相对较少。换句话说，人类人口经历过所谓的瓶颈期——规模缩减之后的快速增长。mtDNA的变异模式也支持这种后冰期的种群增长模式。考古证据表明，在1.6万年前冰期的极寒阶段，欧洲旧石器时代的人口仅分布在伊比利亚、意大利南部和巴尔干地区等有限区域，在之后的后冰期，人口逐渐向北扩展。几乎可以肯定，农业对这一人口扩张过程的晚期有重大影响，因为它使得人口的高密度集中成为可能。

我们如何能够把这种从Y染色体和线粒体DNA上观察到的相对来说未受新石器时代移民影响的上旧石器时代的欧洲人口模式与“进步浪潮”运动调和起来呢？卡瓦利–斯福尔扎和他的同事们观察到的模式显然存在，但是他们也把研究视野放大到跨越整个欧洲和中东的大规模的人口迁移上。农业扩张只是欧洲的一次人口涌入而已，还有明确的考古学证据表明还存在着其他的人口涌入。正如他们后来的分析显示出的那样，它只占欧洲遗传基因变异的一小部分。此外，由于“进步浪潮”没有明确的时间点，这样来自新石器时代的血缘谱系就有可能与来自中东的上旧石器时代的移民的血缘谱系混为一谈。最后，既然他们的分析没有考虑到中亚人口的情况（在他们做研究时找不到中亚人口的数据资料），有可能这一模式反映的只是上旧石器时代人口从亚洲向欧洲迁徙的总体趋势。毕竟，如果我们只拥有中东和欧洲的Y染色体数据的话，我们有可能推断出携带有M89标记的人群经由巴尔干半岛进入到欧洲，并在欧洲产生出M173遗传变异标记。这仅仅是因为我们知道M173源自携带有M45标记的血缘谱系，通过这个血缘谱系，我们可以将欧洲上旧石器时代的定居人口的祖先追溯到中亚地区。

对于这个难解之谜，Y染色体数据事实上提供了一种部分的解决方案。因为看上去南部欧洲群体比北部欧洲群体接受了更多来自中东地区的新石器时代的移民，这些移民携带有诸如M172这样的标记。一种可能的情况是，农业首先在地中海周边蔓延开来，因为新石器时代的中东移民偏爱这里类似黎凡特地区的地中海气候。直到后来，土生土长的上旧石器时代欧洲人才开始在内陆从事农业，并逐步将这种只在基因库中占很小比例的文化传播至整个新石器时代社会。生活在北欧地区的克罗马农人似乎已经有意识地将上旧石器时代抛在脑后，转而选择和为数不多的中东移民拥抱一种全新的中东生活方式。

稻作人

新石器时代进入欧洲的过程颇具复杂性，这使得我们很难对遗传数据做出简单的解释。尽管如此，在当时作为另外一个主要驯化中心的亚洲，情形似乎要清晰明了得多。我们在中东地区发现的定居模式和对某些特定植物物种进行密集开发的典型模式几乎同时出现在了中国。在中国北部地区陕西省的半坡和姜寨等遗址，考古学家发现了公元前 7000 年左右的稷黍农业的早期证据。稷，一种类似小麦的谷类作物，似乎在黄河流域得到了驯化，并从这里影响了中国北方的其他地区。中国中部地区长江流域的彭头山遗址表明，大约就在同一个时间段，这里有了独立的水稻种植。在这两个不同的地区，人们都使用陶器来储存谷物，住在精心建造的夯土房里，这表明新石器时代的生活方式已经很发达，即使在新石器时代的早期也是如此。农业很快就传遍了整个中国，水稻在南方占据主导地位，那里多水潮湿的条件有利于这种作物生长。水稻农业向长江下游不断延展，并在公元前 5000 年左右在中国南部地区得到广泛传播，也许是得到南部沿海进行的第二次独立驯化的助力。公元前 3500 年，它在台湾地区得到种植。公元前 2000 年，水稻传播到了婆罗洲和苏门答腊。最后在约公元前 1500 年，水稻传播到了印度尼西亚群岛的其他地方。总体而言，考古学证据表明，稻作农业在将近 3 000 年的时间里从中国中南部的发源地扩展到东南亚的岛屿，这个时间与农业扩张到欧洲的时间接近。然而，和欧洲那边不一样的是，这里存在着非常强烈的基因扩散信号，这些信号表明是人在移动，而不仅仅是文化在移动。

在第六章中，我们了解到，一种由 M175 标记定义的 M9 后代谱系在东亚很普遍。根据目前的分布情况推测，这个标记最初可能出现在中国北部或韩国。从现代中国人群中 Y 染色体变异的模式来看，现在清楚的是，中国的第一批农耕者是 M175 的后裔。事实上，中国整个男性人口中一半以上的 Y 染色体是由一个标记定义的，该标记显示出在过去 1 万年间大规模扩张的证据。M122 首先出现在 M175 染色体上，现在遍布整个东亚，但在中亚大山脉以西很难找到它，在中东或欧洲根本不存在。这是我们期望看到的最近扩张的模式，而不是通常留下更广泛踪迹的古代事件。

遗传数据显示，东亚稻作农业的发展创造了一波“进步浪潮”。在那一波自新月沃地卷向欧洲的浪潮淹没地中海之后开始消散的同时，由中国奔涌出去的浪潮却填满了整个东亚。今天，从日本到塔希提岛，都能找到以 M122 为标志的中国第一批水稻种植者的后裔。伦敦大学学院的戴维·戈德茨坦及其同事的最近一项研究表明，中国的 M122 染色体的微卫星多态性非常高，但向南进入马来西亚和印度尼西亚半岛的多态性大幅下降。这正是我们从过去 1 万年源自中国的人口扩张数据所能预期到的，并且与稻作农业传播的考古证据完全相似。总之，M122 和另一种中国单体型（也是 M175 的后代）M119 占东南亚 Y 染色体的近半壁江山。另一方面，在欧洲，新石器时代移民只占目前 Y 染色体多样性的 20%。与欧洲相比，东亚地区的“进步浪潮”看起来更像是海啸。

双刃镰

农业的推广使得人口的大规模增长成为可能，无论是农业起源地的人口增长（比如在东亚），还是接纳农业模式的地区的人口增长（如欧洲大部分地区），都表明这一创新绝对是个好消息。毕竟，如果丰裕将农业广为传播，那么农业人口的大量增加，必然意味着人们的生活会在向新石器时代转型完成后有所改善。然而最新发现的证据表明，情况可能并非如此。

早期的农耕者在拥有安稳的定居生活的同时也要承担一系列新的风险。其中最重要的就是资源库的广度缩减了。将栽培重点放在少数几个物种上意味着一旦气候有所变化，人们的回旋余地会大大减少。对于旧石器时代的狩猎-采集者来说，干旱、剧烈的降温期（比如上个冰期末期的新仙女木事件[1]）和河道变更都是非常容易应对的事。他们只需要转移到另一个资源更好更多的地区就可以了。第四章至第七章所述的旧石器时代人类的大规模迁移几乎完全为气候所决定。但是，一旦人类接受了农业，他们就不愿意搬家了，偶尔发生的饥荒，例如今天在发展中国家的许多地区出现的饥荒是人类接受农业的后果之一。在农业的早期阶段，人们处于后冰期时代早期动荡不安的气候条件下，饥荒发生的可能性非常大。

对于这些新石器时代农耕者来说，定居生活的第二个负面影响是疾病的增多。尽管狩猎-采集者似乎过着比较艰难的生活，仅能依靠他们明显“原始”的技术，猎杀或采集足够的食物来维持生存，但事实上他们非常健康。虽然旧石器时代人类骨折和创伤的发生率

[1] 新仙女木事件，发生在更新世末期的一次寒冷事件。——编者注

高于他们定居的新石器时代后代，但他们似乎并没有因此年轻早夭。事实上，早期农业社区的骨骼残骸表明，早期农耕者的寿命实际上可能比他们的狩猎–采集邻居的寿命更短。一般认为这主要是疾病的增多造成的。

传染性疾病不是作为一种定居生活方式的副产品而自发产生的，而是暴露在病原体之下后，疾病能从一个受感染的个体传播到另一个个体。绝大多数的疾病都只能存在于大规模的人类群体中，在那里总会有一定数量的人口保持着被感染的状态，这使得我们很难将疾病彻底从人群中清除。这些都是所谓的地方病，比如天花或伤寒。数十万的人口规模对于这种疾病的维系来说必不可少，否则疾病会因为没有足够的易感人群而趋于消失。这种规模数量的人口只有在农业发展起来以后才有可能存在。当然，还有一些疾病是外部源头引起的，如动物。虽然人类在狩猎–采集阶段也与动物有过接触，但长期的密切接触只在新石器时代驯养动物之后才有发生，这种接触也有助于疾病的传播。例如，麻疹就与牛瘟这种牲口的疾病密切相关。有可能就是在大约 1 万年前的家畜驯养过程中，这种疾病被带入新石器时代的人群中。历史学家威廉・麦克尼尔（William McNeill）指出，《圣经》中描述的许多瘟疫事件可能就源自欧亚大陆农业转型初期流行病的爆发。

定居生活方式的最后一个负面结果是社会日益分化。通常而言，狩猎–采集者之间非常平等，少有社会分化。以现今存在的狩猎–采集人群例如桑人或澳大利亚原住民为例，群体中会有一个首领对群体生活的一些方面做出决断，但是没有类似定居社会中存在的那种模式化的社会分工。也许只是因为不存在值得人们靠打斗去争取的东西（就财富积累而言），大规模战争在狩猎–采集社会中极为罕见，尽管群体内部确实会发生争斗。新石器时代人口的大规模增长创造了条件，某种形式的社会分层不可避免。一旦出现这种情况，对权力的攫取和帝国的成长便在所难免，这导致了上旧石器时代从未见过的大规模的战争。尽管战争本身已经足够糟糕，但它产生的连带效应会波及新石器时代生活的其他方面。与大规模战争如影随形的高死亡率会因为疾病的扩散以及战争期间对耕地的破坏而继续提高，最终形成死亡率居高不下的恶性连锁反应。

考虑到上述种种新石器时代革命的负面影响，为什么我们的祖先仍然坚持拥抱这种全新的生活方式呢？事实上，并非所有人都做出这样的选择，就在前不久，世界上几乎所有地区都有一小撮狩猎-采集者存在。他们保持着古老生活方式的原因有可能与环境有关（例如桑人和澳大利亚原住民生活在不利于农业生产的干旱的边缘地带），也有可能是有意识地保留这种狩猎-采集生活方式。尽管如此，对于世界其他人口来说，我们没有回头路可走。确有可能是思维的转变才使得人类接受了农业，抛开前面所说的所有负面影响，这种思维转变也一定是经历了好几代人才完成的。一旦狩猎和采集的集体记忆被粮食生产的集体记忆取代，再回到旧的生产生活方式几乎是不可想象的。扪心自问，你是否做好了自制武器，为你的晚餐四处捕猎的准备？我们中的绝大多数人可能都会说“不”。

咿呀学语

新石器时代伊始，我们在现代世界能够看到的许多文化多样性的区域模式就已经确立起来了。东亚不断扩展的农业移民浪潮将水稻种植扩展到印度尼西亚甚至更远的地区，而今，这些移民的后代身上仍然携带有这一事件的遗传痕迹。正如我们早些时候看到的那样，东南亚最早的居民可能更像今天的安达曼人或塞芒人（尼格利陀人中的一支）。很有可能这些群体绝大多数都被水稻种植者的扩张浪潮吞没，他们的文化也都被纳入主流农业文化中来。同样，欧洲、美洲和非洲的狩猎–采集群体全都放弃了上旧石器时代的生活方式，转而采用新的方式养活自己。但文化的定义远远不只是饮食，它还涵盖社会传统、服装和工具制作风格、交通方式以及数以千计的其他事物。其中最为重要的一个方面就是语言。

绝大多数前往英国的美国游客很快就会注意到当地存在着大量地区性口音这一事实。如果伦敦是第一站的话，那么伦敦腔将会成为他们迎上的第一拨口音之一。即使这些游客一直练习模仿迪克·范·戴克（Dick van Dyke）的“天哪，玛丽·波平斯”[1]，但有些时候，他们仍很难相信自己和英国人说的是同一种语言。我的英国妻子也会觉得跟我那些来自南方的美国朋友进行交流同样困难。还是乔治·萧伯纳（George Bernard Shaw）说得对，他注意到了美国人和英国人实际上是被同一种语言隔开的两类人群，他甚至都没算上这两个国家内部存在的种种地方性差异。口音是语言多态性的常见例子，我们在理解这些多态性时遭遇到的困难，实际上有助于揭示某种对语言变化过程的理解。语言并非铁板一块，尽管法兰西学院竭力给操各种口音的法国民众树立起某种语言规范。与组成文化的其他方面一样，不同地区的语言彼此间存在着巨大的差异。但是，这些显而易见的语言多态性嘈杂共生的局面是否也能够揭示出人类文化传播的某些信息？

[1] 迪克·范·戴克是美籍好莱坞男星，在1964年的电影《欢乐满人间》（*Mary Poppins*）中饰演一位有伦敦腔的角色。此为电影中台词。——编者注

从古典时代起，人们就注意到语言存在相似性，尤其是在诸如拉丁语、法语、西班牙语和希腊语等那些已经得到充分研究的欧洲语言样本中。到了 18 世纪，学者们的研究视野更为宽泛，日渐聚焦于亚洲、非洲和美洲的语言。例如，亚诺什·沙伊诺维奇（Janos Sajnovics）在他 1770 年发表的那篇晦涩难懂的论文《论匈牙利语和拉普语之同一性》里，得出了他在标题里和盘托出的结论。我们现在知道，匈牙利语和拉普语都属于乌拉尔（Uralic）语系，这样它们也就与汗特语（Khanty）、涅涅茨语（Nenets）和恩加纳桑语（Nganasan）等更加晦涩的语言联系起来了。然而，沙伊诺维奇并不知道这层更遥远的关系的存在。虽然他和许多其他学者一样，认识到了不同语言之间存有相似之处，但他却没能够对这些相似性的起源给出有说服力的解释。

在沙伊诺维奇的研究过去好几年后，人们对归属于同一语系的不同语言之间的相似性开始给出解释。在 1786 年皇家亚洲学会的一次演讲中，时任印度法官的威廉·琼斯爵士（Sir William Jones）指出，梵语，这种印度教的宗教语言，与希腊语和拉丁语“无论是在动词词根还是在语法形式上，都有着高度相似之处，而这种现象绝不可能是偶然形成的”。这些相似之处是如此之多，以至于他在总结中概括称，它们肯定是“来自一个共同的源头”。正是这最后的陈述成就了威廉·琼斯爵士的不朽贡献，因为他在演讲中指出了语言多样性的产生机制。琼斯认为，语言会随着时间的推移而变化，如果一组语言之间有足够多的相似性，那么它们在过去一定会有一个共同的祖先，从那里开始这些语言才彼此分离。这是对语言多样性的一种进化论解释，等着 60 多年后的达尔文来证明。

琼斯所描述的语言都属于印欧语系，其得名自这些语言的地理分布。印欧语系包含了 140 种不同的语言，从欧洲最西北部地区属于凯尔特语族的那些语言，比如盖尔语和布列塔尼语，到斯里兰卡的僧伽罗语。英语是印欧语系日耳曼语族的成员之一，但其复杂的历史纠葛使它留下了许多借自法语的词汇。显然，这是一种广泛且多样的语言集成。

时至今日，琼斯曾经提出的设想——所有的印欧语系语言都衍生自同一原始母语——已为语言学家广泛接受。事实上，它是为数不多的得到普遍承认的语系之一。对它的模型的解读被称为语言分类的遗传模式，指的是在遥远过去的某个时间点上，有一群说着古印欧语的人。而这些古印欧语，如今进化成为我们看到的各种语言。正如我们的汤谱配方一样，各种基本原材料的新增或是改良，都会产生地方性的语言学差异，这些差异最后会发展成为清晰可辨的语言。这种和 DNA 演化相类似的模式看上去相当明显。但是，通过基因研究，我们真的有可能去学习有关语言多样性的诸多内容，并明了全球语言当前的分布由来吗？

语言变化一直是卢卡・卡瓦利-斯福尔扎的一个重要兴趣所在，特别是它还与遗传模式相交叠。1988 年他决定直接检验这个假设，就像莱文廷处理那些来自不同种族的遗传数据那样，而不是在基因和语言多样性之间做模糊的比较。他和他的同事们研究了来自全球 42 个群体的遗传数据，并且通过缩减这些群体标记出现的频率差异绘制出一棵关系树以描述这些群体彼此间的关系。结果表明，这棵人口基因谱系树与我们已知的不同语言之间的关系相当吻合。举例来说，印欧语系的使用者在遗传树上的分布倾向于聚作一团，非洲班图语的使用者也是如此。当然，也有明显不一致的，比如北方和南方的中国人之间存在着巨大差异（这几乎可以肯定是由于第六章中讨论的早期迁移模式造成的）。但总体来说，遗传群体和语言群体似乎高度相符。这表明遗传数据可以用于研究语言的起源和传播。

卡瓦利-斯福尔扎和他的同事们在研究中提出了两个附加说明。首先，他们正在研究的基因标记并不必然会导致语言多样性模式的出现，压根就不存在一种会强迫它的携带者使用这种语言的班图基因。相反，类似的基因标记作为血统的重要标志，反映了说这种语言的人会拥有共同历史。第二个说明是，在许多情况下，基因和语言所暗示的关系并不统一，这表明这种联系并不是绝对的。造成这种情况的原因可能是语言替代，即人们学会说一种新的语言，而没有相应的外来基因流入；或者是基因替换，即有大量的外来基因，但语言保持不变。第一种说法解释了中国北方汉族和南方汉族之间的差异。第二种说法解释了语言彼此不相干的群体之间拥有高遗传相似性这种现象，例如，说纳-德内语的美洲原住民和邻近地区说美洲印第安语系语言的美洲印第安人。如此，基因通常而言是语言相关性的重要标志，当然，那些例外情况不在此列。不管是哪种方式，遗传数据都应该有助于我们通过梳理语言扩散方式，来弄清楚不同语言之间的联系。

寻找故乡

如果我们认可威廉·琼斯的这种说法，即所有印欧语都有一个共同的源头，这就意味着，在过去的某个时间点上，一定会有一群人说着这种形式古老的印欧语。因而，寻找第一批印欧人的身份及其分布的地理位置，成为过去200年考古学和语言学研究的主要领域之一。它变成了某种类型的任务，目的是好，但多少有点堂吉诃德式的幻想成分。这种探索，试图解开长久以来围绕在“印欧人”故乡的自相矛盾的证据之网。理解历史也成了遗传学振奋人心的新适用领域。

戈登·蔡尔德，“新石器时代革命”这个专有名词的创造者，在20世纪20年代曾经提出，印欧语的故乡应该是黑海以北的某种文化，这种文化有着独特的“绳纹”陶器，上有类似细绳或是麻线留下的痕迹。考古学家玛丽亚·金布塔斯（Marija Gimbutas）在20世纪70年代发表的一系列文章中重申了这一理论。金布塔斯认为，俄罗斯南部大草原游牧骑手留下的这些遗址，可追溯到大约6 000年前，属于一种可以被识别为原印欧人（proto-Indo-European，PIE）文化的最早迹象，而这其中就包括蔡尔德的绳纹陶器使用者（Corded Ware People）。金布塔斯所命名的库尔干文化留下了巨大的墓葬遗址（kurgan，意为坟堆），星星点点遍布整个欧亚大草原，从蒙古到乌克兰，南至阿富汗。20世纪从库尔干挖掘出土的黄金宝藏，证实了希罗多德所说的“斯基泰人”（Scythians）的存在，他们曾经是亚洲草原上让人闻风丧胆的骑兵。而这之前许多学者都认为他们只是传说而已。

库尔干人使用原印欧语的结论是基于对印欧语系语言通用词汇的分析得出的。如果几个词能够显示出源于某一共同词根，那么它们就有可能（虽然不确定）承袭自某一共同源头。例如，英语单词“ox”在梵语中表达为“uksan”，在吐火罗语（中国西部早期的印欧语）中是“okso”。同样，许多动物和植物的单词在印欧语系中都很常见，工具和武器也是如此。最有趣的是，这些语言中都有丰富的描述马匹和有轮的交通工具的词汇，这表明说古印欧语的人已经驯养了马作为牲畜。再加上考古遗迹表明，马是在南部俄罗斯草原上最先得到驯化的，这就指明了库尔干文化的建设者是原印欧人。

尽管有令人信服的证据指出原印欧人是库尔干人，但没有任何考古证据证明他们的文化曾经扩展到欧洲西部。他们在马背生活的文化说明他们最理想的生活区域是干草原带，而非欧洲的森林和山脉，因此人们很难理解为什么这些草原骑手能够征服欧洲，并把他们的语言强加给当地居民。为此，科林·伦弗鲁（Colin Renfrew）在1987年出版的著作《考古学与语言》（*Archaeology and Language*）中提出，库尔干文化并不是印欧语的起源，反而是印欧语向东方扩展的结果。在伦弗鲁看来，原印欧语曾经是一种中东语言，最早在9 000年前开始使用，之后随着农业的"进步浪潮"传入欧洲。他认为安纳托利亚是印欧人的故乡，因为它大致是印欧语系现代分布的中心，同时，这里也是其他几种业已灭绝的语言的发源地。

他提出的假设是，这些早期的农民在扩散他们人口的同时也携带着他们的语言，因此欧洲语言的泛滥成灾应该也伴随着基因迁移的浪潮。这是一个大胆的想法，最初并没有得到语言学界的支持。正如我们所看到的，"进步浪潮"实际上对现代欧洲人的基因库几乎没有什么贡献，其影响力似乎基本局限于地中海地区。举例来说，生活在爱尔兰的操印欧语的人实际上没有新石器时代的Y染色体标记，而希腊人拥有大量新石器时代的Y染色体标记成分。这表明，如果是农业推动了印欧语在整个欧洲的扩散，那么它在很大程度上是在没有真正的农民参与的情况下进行扩散的，这削弱了伦弗鲁的论点的说服力。

当然，顾名思义，印欧语系不仅在欧洲被使用，现代伊朗、阿富汗和印度次大陆的绝大多数人都说印欧语。他们是怎么学会说一种和几千英里外的爱尔兰盖尔语（Irish Gaelic）有着千丝万缕联系的语言的呢？对此，学界同样有着很多彼此冲突的假设。第一个是由蔡尔德、金布塔斯和其他人提出的，早期的草原骑兵在公元前1500年左右入侵印度时，把他们的语言从中亚带进了印度。印度早期的宗教文献《梨俱吠陀》（Rig Veda）记载了来自北方的骑兵对印度的征服。20世纪20年代，约翰·马歇尔爵士和他的同事们在印度河谷（Indns Valley）挖掘了莫亨佐·达罗（Mohenjo Daro）和哈拉帕（Harappa）遗址，这一史料得到了证实。这些巨大的城市可以追溯到公元前3500年，到公元前2000年，它们已经被建设成为庞大无比的定居点，拥有数以千计的房屋、广布的农业用地和众多的人口。然后，大约在公元前1500年，他们进入了衰落时期，到公元1000年，哈拉帕文化已经解体，城市也被抛弃。是什么导致了这种文化的突然崩溃？在考古学家看来，这完全是来自干草原带的雅利安人的入侵造成的。考古学似乎加强了蔡尔德的论点，同时证实了《梨俱吠陀》所载内容。

更多的最新研究表明，哈拉帕文明的崩溃可能另有其内在原因。也许是河流改道，也许是社会开始堕落（想想2 000年后的罗马人）。不管是什么原因，入侵的雅利安人并不一定像早期考古学家所认为的那样是全能征服者。在后续的重新阐释中，伦弗鲁紧跟着提出了印欧语如何来到印度的两种模型。

伦弗鲁的第一个模型是新石器时代早期来自中东的移民模式，定居者们携带他们的原印欧语。在这种模式中，哈拉帕人本身就已经是印欧人，因此我们没有理由推断是雅利安人的入侵造成了今天印度的语言状况。第二种模型认为《梨俱吠陀》的记载属实，说印欧语的游牧民从中亚入侵印度河地区，但是入侵的规模不大。因此除了植入一种语言和文化之外，入侵对南亚次大陆的人口几乎没有影响。无论是上述哪种模式，印度的遗传数据都显示出来自北部干草原带的影响微乎其微。

要对蔡尔德–金布塔斯和伦弗鲁提出的假说进行测试，就需要等到基因标记的开发达到能够区分草原种群基因库和印度原住民种群基因库的水平。正如我们在第六章中看到的那样，M20定义了约3万年前从中东向印度迁移的第一波大潮。它在印度南部人群中出现的频率最高，这些人说达罗毗荼语。这是一种与印欧语系完全无关的语族。在一些南部人群中，M20的出现频率超过50%，而在印度以外的地区仅有零星发现。因此，正如我们所预料的，它是印度原住民的标志。要完成全部分析，我们还需要研究一个草原标记，用来了解它（曾经有可能）对当前的印度遗传多样性做出的贡献。

M17标记和发现解决了上文的问题，它以高频率（40%以上）出现在从捷克共和国到西伯利亚阿尔泰山脉，并向南贯穿整个中亚的地区中。绝对年代测量法表明，这一标记有1万至1.5万年的历史，在俄罗斯南部和乌克兰，微卫星标记的多样性非常集中，这表明它源自那里。M17是M173的后裔，和欧洲血统相一致。M17的起源、分布和年代都强烈地表明，它是在库尔干人在欧亚大草原大肆扩张的过程中扩散开来的。解决我们语言难题的关键是看看它在印度和中东各是什么样子的。

答案是印度的M17在那些说印欧语系的人群中拥有相当高的出现频率。例如，在德里讲印地语的人口中，约有35%的男子拥有这种标记。来自南方的印欧语系使用人群也表现出类似的高频率，而在邻近的达罗毗荼语使用者中，M17的出现频率相当之低，只在10%左右或更少。这有力表明了M17是印欧语系标记，同时也显示了在过去1万年的时间里，有大量的基因从干草原带流入印度。结合考古学资料，我们可以说，有关人类从干草原带入侵的旧假设似乎是正确的，这种入侵不仅是语言上的。

那么中东的情况又如何呢？有趣的是，M17在中东地区的出现频率并不高，只有5%~10%的中东男性携带M17。甚至具体到说波斯语的伊朗人也是如此，而波斯语是一种主要的印欧语。生活在伊朗西部的人群的 M17 出现频率较低，而在更遥远的东部地区，M17 的出现频率则更类似印度。正如我们在第六章中了解到的，横亘在这两个地区之间的是荒凉的伊朗大沙漠。这片沙漠构成了印欧人迁徙过程中的巨大障碍，就像它曾是上旧石器时代人类迁徙的巨大障碍。

来自伊朗和中东的 Y 染色体检测结果都表明，早期中东的农耕者在进入印度河谷时并没有向东扩展印欧语系。与农业扩展相关的标记 M172 在整个印度地区都有发现。这与早期农业从中东地区引进的情况相一致，时间很可能是在新石器时代。但在说印欧语和达罗毗荼语的人群中，这种不相上下的频率分布表明了农业的引进早于印欧语的引进。具体到实际行为上，许多新石器时代农耕者的印度后裔学会了说印欧语，而少数使用印欧语的 M17 携带者在这个时间点上已经放弃了他们的语言，转而使用达罗毗荼语。

在伊朗西部，M17 的低出现频率表明，在这种情况下，伦弗鲁在他的第二个模型中所设想的情形已经发生了。很有可能的是，少数入侵的印欧语使用者能够通过一个被伦弗鲁称为精英统治的过程，将他们的语言强加给当地的伊朗人。在这种模式中，某种类似于军事实力、经济实力或者也许是组织能力的相对优势，使得这些来自干草原带的印欧人能够对伊朗西部古老的定居文明实现文化霸权。这种“相对优势”的内容之一是他们在战争中使用了马匹，或者用马来拉战车，或者将马作为坐骑。骑兵和战车，都是草原游牧民的发明，它们为这些早期游牧印欧人带来显而易见的优势，使他们明显强于敌对方的步兵。在接下来的 3 000 年里，对于军事装备来说，马匹的使用成为一个主要的技术优势。不难想象，欧亚大草原的人们正是依靠它取得了早期的征服优势。

因而，在我们看到能证明印欧移民源自俄罗斯南部干草原带的持续不断的基因和考古学证据的同时，从中东到欧洲，我们很难找到曾经有过大规模印欧移民的证据。一种可能是，在更早的移民过程中（和之前讨论的 4 000 年前相对比而言，也许是在 8 000 年之前），那些使用印欧语的早期农民携带的遗传信号早就散失在岁月中。正如卡瓦利-斯福尔扎和他的同事们所阐述的那样，显然会有一些来自中东的迁移的遗传证据，但是这个信号不太强，还不足以让我们追踪新石器时代血缘谱系在所有使用印欧语系语言的欧洲国家的分布。卡瓦利-斯福尔扎认为，最初在新石器时代从中东地区迁移过来的、说着比原印欧语还早的语言的移民，可能已经向欧洲输入了一种语言，包括后来成为“原印欧人”的库尔干人。尽管遗传模式没能提供明确的证据支撑，但也没有什么证据可以反驳这种模式。

还有另一种可能性，这种可能性来自那些在中东和欧洲已然灭绝的语言的分布状况和它们彼此间的关系。如果第一批农耕者的语言不是印欧语，而是另一种语言呢？居住在西班牙东北部的巴斯克人说着一种与世界上任何其他语言都不相干的语言。贾雷德·戴蒙德在他的《第三种黑猩猩》（*The Rise and Fall of the Third Chimpanzee*）中指出，这有可能是来自中东的农业“进步浪潮”的遗留物。有趣的是，一些语言学家认为巴斯克语与高加索地区的语言有关，而另一些语言学家认为巴斯克语与位于巴基斯坦偏远地区的一种孤立语言布鲁沙斯基语（Burushaski）有相似之处。类似情况在地中海周边地区比比皆是，比如西班牙东南部的塔尔提斯语和伊比利亚语、意大利的伊特鲁里亚语和莱曼语，还有撒丁岛语，这类语言如今已所剩无几。在萨丁岛，很多地名都源自非印欧语。法国南部的一些地名也同样表明，过去使用巴斯克语的区域比今天广得多，希腊的一些地名也表明那里存在着很多前印欧语的元素。总的来说，有恰当的证据表明，一度在地中海地区密集分布的前印欧语，后来逐渐为扩张的希腊语和拉丁语所取代。

从表面上看，我们有一套曾经在地中海和中东地区广泛使用的语言，甚至向东影响到了巴基斯坦。这正是新石器时代的早期农耕者在 1 万年前至 7 000 年前殖民的领土。一种可能是，这些早期的农耕者在扩大人口的同时也传播着“地中海”语言。即便不存在任何基因的流入，欧洲还处于旧石器时代的人口都开始使用这种农耕语言及其文化，巴斯克就是个例子。这些语言也向东部传播，将农业引入中亚的所有河谷地带和巴基斯坦。后来的移民，比如巴基斯坦使用德拉维迪亚语和印欧语的人，以及欧洲的印欧语使用者，合力把仍然在使用地中海语言的人挤压到我们今天所看到的孤立地区。

当然，这纯属推测，但它可能是在伦弗鲁的印欧语农夫和卡瓦利–斯福尔扎的原印欧人农耕者之外的第三种合理推测。此外，遗传数据还显示出一些相关性：从地中海到高加索再到巴基斯坦，在我们提及的绝大多数地区，M172 这个我们认定的新石器时代基因标记高频出现。对于高加索群体来说情况尤其如此，在其中一些群体中，M172 出现的频率超过 90%。在高加索人群和中东人群之间，整体来说高度接近的基因相似性表明，新石器时代曾有大量人口涌入这里，他们甚至可能已经把某种与苏美尔语（Sumerian）相关的语言引入了该地区。当然，这样的情境假定所有的地中海语言之间都存在着联系，不过就算存在，这联系最多也是微弱的。然而，一些语言学家的确发现了这种语言“超级家族”存在的证据，从而揭示了看似无关的语言所共有的深层结构。我们接下来就要寻找这些语言的超级家族。

全景世界

在现代语言分类法出现以前，查尔斯·达尔文在文章中写道，他注意到了基于谱系与基于语言学的人类分类之间存在着的相似性。在《物种起源》一书中，他指出："如果我们拥有人类的完美谱系，一个有关人类不同种族的谱系分布，那么它将为当今世界的各种语言进行最佳分类。"卡瓦利-斯福尔扎曾表示，当他在1988年开始比较基因和语言关系时，并不知道达尔文的假设。后来，一位研究科学史的同事把他的注意力引到了达尔文的假设上。认为语言可以用来追踪不同群体间的联系的说法，或许并不是一个历史性的跨越。毕竟，我们确实是从父母那里"继承"了我们的语言，所以至少从刚过去不久的这个时间跨度来看，语言应该是一个很好的基因代理。但是，如果我们再往前深究的话，会发生什么？语言之间是否存在着更深层次的联系？这种联系能将它们整合到一个更大的群体中去吗？也许最重要的是能否找到有关我们基因上的祖先（亚当与夏娃）使用的语言的证据。

我们在第七章中遇到的约瑟夫·格林伯格坚信这种深层次关系确实存在。他在1963年出版的《非洲语言》（*Language of Africa*）一书中描述了如何将数百种非洲语言整合成为四个不同的语言家族，并因此蜚声于语言分类领域。这些早期的高阶分类尝试得到了语言学界的普遍欢迎，这些尝试的成功也促使格林伯格开始研究语言之间的深层次关系问题，尤其是欧亚大陆的语言之间的关系。

格林伯格发现，许多语言，包括那些属于印欧语系的语言，似乎都共享着某些特定的结构元素，这些结构元素是如此明显，以至于不可能是偶然为之的。对于非专家来说这些细节似乎微不足道（例如，名词是如何通过添加一个 k 或 t 的后缀而变成复数形式的），但对许多语言学家来说却意义重大。梅里特・鲁伦在他《语言起源》（*The Origin of Language*）一书中，追溯了格林伯格所谓的欧亚语系［Eurasiatic，另外一些语言学家称之为诺斯特拉语系（Nostratic）］内部的大量相似性。

关于这组语言，我们要问的第一个问题是，它们是否像印欧语一样，存在着任何考古学或是遗传学证据。不幸的是，没有什么可拿得出来的证据，因为这涉及一个难题，欧亚语系的成员广泛分布在欧亚大陆的很多地方，其中包含的人类群体更是林林总总。这个语系存在的时间有可能超过了 2 万年，任何与这样一个古老而广布的语系的关联都非常微弱，其中唯一明显的 Y 染色体标记是 M9。然而，M9 也被发现在另一个欧亚种语言超级家族中，它被称为“德内–高加索语系”（Dene-Caucasian）。

这个家族的首个群体是美洲的纳–德内语族（如纳瓦霍语）和包括了汉语与藏语的汉藏语系。现在许多语言学家都承认这两大语言家族之间有一定关联性，但是否存在更为遥远的关系富有争议。这是因为德内–高加索语系包括高加索语，还有巴斯克语和布鲁沙斯基语。从这个角度来看，属于德内–高加索语系的众多语言的使用者呈孤立的区块状散布在欧亚大陆各处，从比利牛斯山脉到落基山脉，至少可以说内部充满了异质性。部分因为这个，美国语言学家约翰・本特森（John Bengtson）在德内–高加索语系中识别出一个亚分类，包含巴斯克语、高加索语、布鲁沙斯基语和已灭绝的苏美尔语。这与我们设想的地中海语族有着惊人的重合，而且，正如我们已经看到的，确有基因证据支持在过去 1 万年里这种语言群体的扩散或许与农业有关。将苏美尔语划入其中尤其能说明问题，因为这种语言是美索不达米亚文明最早使用的语言之一，其地理和文化联系可以追溯到新月沃地农业的兴起时期。

尽管遗传数据支持德内–高加索语系内部部分西方语言存在着人口相关性这种说法，但这些语言与东方语言并没有明确的关联。然而，汉藏语系和纳–德内语系确实存在着内在的遗传联系。这种联系以 M130 基因标记的形式表现出来，我们在跟踪前往澳大利亚的海岸线移民时首次与 M130 遭遇。正如我们在上一章中所看到的那样，M130 也存在于包括中国人在内的东亚人口中，这表明该标记从东南亚逐渐向北扩展。有趣的是，这个标记也存在于北美地区使用纳–德内语的人群中。然而，就像在南美洲没有发现纳–德内语使用者一样，在南美洲我们也没有发现 M130。这表明东亚人和一些美洲原住民部落存在着独特的基因联系，这是 5 000 年至 1 万年前第二次美洲迁徙的结果。就这样，遗传学研究成果强化了各语言之间的联系并为基因分离提供了一个大致的日期。

在辨识成千上万年前就已分散各处的不同语言的共有特征上取得的成功，激励着一些语言学家进一步探究语言历史的深幽之所，寻找语言之间的最深层关系，即全部语言的共同源头。这一观点最坚定的支持者之一梅里特·鲁伦认为，德内–高加索语系代表着最早从非洲走出去的现代人类，而欧亚语系标志着后来从中东扩散开来的人口。正如我们所看到的，没有明确的遗传数据支持这种模式，因此有另一种说法：这些语系的传播是通过文化进行的，故而没有留下明确的基因痕迹，至少其中一部分是这样。例如，印欧语的一些分支就存在这样的情况。另外的可能就是欧亚语系和德内–高加索语系实际上根本就不存在，也许它们只是一系列不相干的语言，因为表现出随机相似性而被归为一类。或者可能确实存在一些亚类，比如那些可以被遗传数据证实的亚群体（如汉藏语系和纳-德内语系），但是大多数语言彼此不相关。很明显，要证明自己的观点，鲁伦还有很多工作要做。

语言的演化很可能与现代人类的迁徙路线一致，起源于非洲，随后分散到世界各地。然而，这一陈述基于外围的证据，即所有人类都使用语言这一共性，研究类似印欧语系这样可辨识语系的短期语言变化得出的推断，以及语言对现代人类文化发展的重要作用。即便原始人类曾经有过语言，但时至今日，几乎所有原始人类语言的信号都已经消失了，留给我们的是七零八落的巴别塔。就像过去500年间英语被分裂成许多不同的方言一样，随着时间的推移，所有的语言也都会变得越来越不同。最终，它们失去了有关共同起源的所有证据。这个阶段需要多长时间尚不清楚，不过一些语言学家认为6 000年就足够，而鲁伦和其他人声称他们发现的语言相似性可以追溯到2万年前。在接下来的几年里，寻找亚当和夏娃的语言注定会是一个充满争议又令人兴奋的领域，而遗传学应该能提供一些帮助。

一则警告

语言的传播是文化扩散，或者说是文化变迁的一种特殊形式。不幸的是，现在考古学的主流认为根据人口迁移来识别文化变迁的做法是过时的。相反，现代考古学家强调文化特质发展的内在原因，或者是这些特质有哪些是从其他文化借鉴的。追踪一种特定的文化，试图搞清楚这种文化从其起源地向外扩散的路径，这种老式的文化传播学派已经失宠了。然而，遗传学研究结果表明，在某些情况下，这确实发生过。如果基因和文化模式重叠，就像东部德内-高加索语系那样，那很可能就是人们携带其固有文化进行的一种古老的扩张行动。当然，文化也可以在没有相应的人口流动的情况下进行扩散。这种情况也许发生在农业向西北欧扩张的时候。

作为遗传学家，我们深受到研究内容的限制。尽管我们在解读中会考虑到历史的、考古的和语言的因素，但是，我们能够提供的专业贡献是追踪基因谱系上真实的生物学联系。因此，我们能够找到支持人类迁移的证据，例如 M17 和干草原带文化，当然也能找到与之相反的证据。语言是一个可被用于研究的很好的文化属性，因为人类通常会留下书面记录。即便没有，语言之间的关系也可以得到系统检验。但是大多数文化发展历程不像语言，这使得解读它们困难重重。

一种一直流行到 20 世纪中期的种族概念是，世界各地人们的不同肤色反映了深层次的生物学差异。这是卡尔顿·库恩的观点，他根据肤色，当然还有头骨形状和其他一些特征，将人类划分为互不相关的种群单位。正如人类学家乔纳森·马克斯（Jonathon Marks）指出的，早期的分类将文化属性当作种族定义的一部分。例如，林奈在他对美洲智人亚种的描述中，就使用了“固执、满足、自由、用红线画脸”等描述性用语。很显然，这压根就没有任何生物学依据，不然今天活着的每一个美洲原住民都会迫于这种基因压力不得不照此来画自己的脸。这种把种族和文化混为一谈的陈旧观念造成了可怕的后果，最明显的后果反映在优生学的鼎盛时期。然而，正如我们所看到的语言传播模式一样，文化和基因之间有时是相互关联的。传统的优生主义者可能认为这是基因导致文化属性各异的证据，但正如最近的研究所显示的，事实可能恰恰相反。

性别政治

生活在泰国北部地区和缅甸的克伦人或许并不像他们的邻居帕当人那么广为人知，因为帕当妇女有用铜环拉长颈部的习俗，但克伦人对民族志研究者来说很有吸引力。这是因为他们的社会制度与现今世界上绝大多数社会的通行模式背道而驰。全世界 70% 以上的人类社会都以从父居（patrilocality）[1] 的模式运转。在这种类型的社会里，男人控制着财富。家庭继承，以及族内成员资格，都通过男性单系传递。当两个人结婚时，妻子与丈夫一起生活，并在丈夫的家族中拥有新的身份。在欧洲国家中，女人结婚后改随夫姓就源于这种从父居社会的行为模式。

这类行为的影响之一是男人往往待在一个地方，而女人却不停地在家庭或是氏族之间移动。这似乎有悖我们的直觉，难道不是男人比女人更多地在外面播撒情种吗？但在这类社会里，“男定女移”就是规律。克伦人的做法则截然不同。在克伦人的社会里，一切都是颠倒过来的。妇女控制着财富，群体的身份认同经由她们传递给她们的女儿。在克伦人的婚姻中，男人移居到女人的村庄，接过并照顾她的田地。他们的社会是人类学家所说的母系社会，因为女人待在原地，而男人移动。虽然克伦人社会看起来像是民族志奇观，但事实上，他们在揭示文化在影响人类遗传多样性方面发挥着重要作用。他们就像一个定制的实验，与世界各地的主流社会模式形成了鲜明对照。

我们在绝大多数的人类迁徙研究中都会用到 Y 染色体。这是因为 Y 染色体在群体间的差异频率会比大多数其他遗传标记更为明显。正如

［1］ 从父居指的是夫妇居于丈夫一方的家庭或部落中。——编者注

莱文廷的分析所显示的，我们可以在群体之中，而非群体之间，发现绝大多数的人类遗传多样性，只有很小一部分（10% ~ 15%）可以用以区分不同群体。而 Y 染色体，至少能在群体之间发现 30% ~ 40% 的差异。更大的遗传对比提供了更好的辨识度，这就是为什么 Y 染色体在追踪人类迁移方面表现得尤其出色。

当我们把 Y 染色体首次当作群体亲缘关系的标志加以研究时，反复出现的结果之一就是它将人们连接到一个特定的位置。只需少量的 DNA 多态性，我们就有可能获得难以置信的地理性清晰度，甚至有只在一个村庄出现的 Y 染色体多态性。如果你把人口遗传学想象成一个由 20 个问题组成的游戏的话，绝大多数的遗传系统，包括血型和线粒体 DNA，都需要用全部 20 个问题才能识别出哪怕是最粗糙的模式，例如某个个体来自哪个大陆。相反，Y 染色体通过几个问题就能识别定位到次大陆一级的地区。于是，我们的观察结果就是，Y 染色体谱系有着地理上的归属性，它们能够更好地用以识别那些来自特定地方的人。这是研究人口流动的极好工具，但对这一模式的解释仍然没有找到。

1998 年，马克·塞尔斯塔德发表了一篇论文，提出了解决 Y 染色体谜团的方案。马克·塞尔斯塔德当时是一名研究生，与卢卡·卡瓦利–斯福尔扎和莱文廷在一起工作。塞尔斯塔德研究了 14 个非洲群体的 Y 染色体标记，发现群体间的变异比其他遗传标记要大得多。在一个欧洲人群的样本中，随着地理距离的变化，人群间差异中，Y 染色体差异的增长速度比 mtDNA 等其他遗传系统的增长速度高得多。塞尔斯塔德对这两种模式的解释是，女性比男性移动得更多，更容易将她们的线粒体谱系扩散到相邻群体中，由此产生相对均匀的 mtDNA 分布。与此同时，男人待在家里，他们的 Y 染色体在不同群体中独立分化。针对这一发现，卡瓦利–斯福尔扎打趣说，威尔第（Verdi）写下的歌词“女人善变”（la donna e mobile）[1]是对的。

塞尔斯塔德的论文引起了不小的轰动，甚至吸引了像格洛里亚·斯泰纳姆（Gloria Steinem）这样的激进人士的注意，后者索要了一份副本。这种观点似乎破坏了那种古老的观念，即登徒子们在世界各地游荡，到处播撒情种，散布他们的 Y 染色体谱系。然而，这些激进人士没有考虑到的是，它实际上强化了一种观念，即女性对群体身份的贡献微乎其微。在一个从父居的社会中，你的母亲是谁无关紧要，因为是你的父亲给了你家庭或氏族的归属以及继承权。塞尔斯塔德的发现在于，人类文化对我们物种的遗传变异模式有着显著的影响。简单而言，对婚姻和财产的文化规定会在数百代人以后，对男女双方的遗传变异模式产生深刻的影响。印度教种姓制度就是这种模式的明证，在不同种姓之间，Y 染色体的差异要比 mtDNA 的差异大得多，这表明妇女可以在种姓之间移动，而男人被锁闭在自己的种姓中。

正如塞尔斯塔德指出的，对这一理论的真正考验是它是否能检验母系社会的变动模式。他预测，这些基因在 mtDNA 上会表现出更大的地区间差异，而 Y 染色体的不同谱系均匀分布在同一群体内（即一个群体内的多样性更显著）。2001 年，这件事最终尘埃落定。马克·斯通金（Mark Stoneking）和他的同事们发表了一份关于克伦人的研究报告，与此同时他们还研究了一份来自同一地区的泰国父系部落的样本。在研究中，他们发现塞尔斯塔德的预测是成立的，克伦人中 Y 染色体多样性更突出，为证明父系制产生了我们可以在大多数人类社会中观察到的 Y 染色体变异的地理聚集提供了强有力的证据。

[1] 出自威尔第歌剧《弄臣》选段《女人善变》。

虽然这有助于解释 Y 染色体谱系的本地化过程，但它回避了另一个奇怪的现象。正如我们在第三章中所看到的，从我们共同的祖先亚当和夏娃开始算起的结合时间，对 Y 染色体来说比对 mtDNA 来说要晚得多。亲缘关系可以解释群体间 Y 染色体的高度差异，但 Y 染色体和 mtDNA 的整体结合时间应该是相同的。事实上，Y 染色体模式应该被分割成许多高度分化的种群，所有种群都可以追溯到一个 15 万年前生活在非洲的男性祖先。相反，我们看到了许多不同规模一般的群体，一旦他们被追溯到非洲，这些人口似乎就会聚集到一个共同的祖先那里：数据指向一个非洲亚当，但他生活在距人类离开这块大陆仅几千年的非洲。这一结果暗示还有另一个因素在起作用。

正如我们之前说过的，遗传漂变的速率是指人口规模较小导致的标记频率的随机变化，它取决于种群人口的实际规模。在大种群中，漂变是微不足道的，但是在小种群中，漂变带来的影响相当显著。在人口最少的群体中，例如第一批移民美洲的白令人，极小的人口规模可能导致少量的血缘谱系在很短的时间内达到 100% 的漂变频率。这也是美洲原住民几乎都是 O 型血的原因，A 型和 B 型在他们的西伯利亚冰期穿越之旅中丢失了。

同样的模式可以用来解释我们的 Y 染色体祖先为何距我们如此之近。如果群体中的男性数量少于女性，那么 Y 染色体谱系丢失的速度会更快。但是你可能会说：这不可能是真的，出生性别比是 50：50。每个人类群体肯定有同样数量的男人和女人吗？令人惊讶的是，尽管就数量而言这是真的，但如果只算那些经由繁殖这种方式传下基因的人数，就不是这样了。在遗传意义上，那些没有后代的人不能算在内，应该排除在等式之外。这样，我们真正感兴趣的就是所谓的有效人口规模，即参与繁殖后代的男女人数。从这里我们就能看出差异了。

为什么 Y 染色体谱系丢失的可能性更大？可能的解释是，往往少数男性占据了大部分的交配机会。更进一步，继承了他们的财富和社会地位的儿子，往往也倾向于在下一代中占据更多的交配机会。如此几代人过去，这种社会怪象无疑会产生我们所看到的 Y 染色体模式：种群内存在着少量谱系，以及邻近种群血统不同。它还将为 Y 染色体生成一个更接近现在的结合时间，因为那些有助于我们回溯到 15 万年前的亚当那里的血缘谱系，在我们的祖先还生活在非洲的时候就已经消失了。验证这一设想的确切证据只能来自对传统社会的仔细研究，在这些社会中，同样的社会模式已经延续了成百上千年。我可以预言的是，数据将证实上面的设想。就像寻找亚当和夏娃的语言一样，研究文化对于人类遗传变异的影响，将成为未来几十年人类学中最令人兴奋的研究领域之一。不幸的是，我们可能正在与时间赛跑，在下一章节中我们将看到这一点。

回到大海

我们刚刚经历了一场从农业发展到各地婚姻模式的文化之旅，看到了文化作用于人类遗传多样性的全过程。现在我们准备重新研究一下 18 世纪后期被库克船长“发现”的夏威夷人。他们来自哪里，为什么能够在过去的几千年间征服太平洋？

我们要问的第一个问题是，波利尼西亚语言之间是否存在一种能表明群体来源的语言相关性？答案是肯定的。尽管托尔・海尔达尔[1]偏爱这种说法，即波利尼西亚人是南美人的后裔，他们的语言与东南亚

[1] 托尔・海尔达尔（Thor Heyerdahl，1914—2002），人类学者、海洋生物学者、探险家，代表作《孤筏重洋》。

地区的语言更为接近。早在 19 世纪，学者们就已经把波利尼西亚语与台湾世居民族的语言、马来西亚语联系起来了。今天，台湾岛居住着讲汉语的中国人，但在 17 世纪以前，这里是说着完全不同的语言的族群的家园。所有这些语言都被合并成为一个家族，即马来–波利尼西亚语，在 20 世纪初被称为南岛语（Austronesian）。因此，有明确的语言学证据将夏威夷人的语言追溯到亚洲，而不是美洲。

南岛语与东亚农业的传播有着惊人的重叠之处。有一种理论认为，出现在波利尼西亚的定居人群是精通航海技术的农耕者，他们以从一个岛跳到另一个岛的方式穿越东南亚，最终驶向开阔无边的海洋。众所周知的“特快列车”模型预测了台湾世居民族和波利尼西亚人之间紧密的基因联系。mtDNA 分析结果好像也支持这种模式，尽管它的辨识度往往有限，正如我们在其他地方看到过的那样。然而，来自 Y 染色体的最新研究成果表明，这一理论需要修正。

我们在东南亚诸岛观察到的模式是，尽管中国血统的农耕者最终确实对这里的基因库产生了重大影响，但在整个印度尼西亚和美拉尼西亚确实也存在着大量的原住民血统，特别是 M130。这些原住民血统在波利尼西亚人中高频出现。这表明，在农业被引入东南亚诸岛后，它经历了一个成熟阶段，有一个逐渐适应种植更适合当地环境的作物的过程。农耕者们不是乘坐特快列车飞跃过去的，而是拖拖拉拉地，逐渐将他们的文化应用于新家园。考古学家彼得·贝尔伍德指出，中国水稻品种如果种植在赤道附近的话，产量会显著下降，因为它们需要热带之外的日照时长差异才能成熟。类似这样的压力会推动农业在整个东南亚地区发生变化，比如用其他作物来取代谷子和水稻。波利尼西亚的芋根（taro root）在整个太平洋地区无处不在，也是夏威夷芋头泥（Hawaiian poi）的原材料，它们就反映了这一变化。不仅如此，基因还

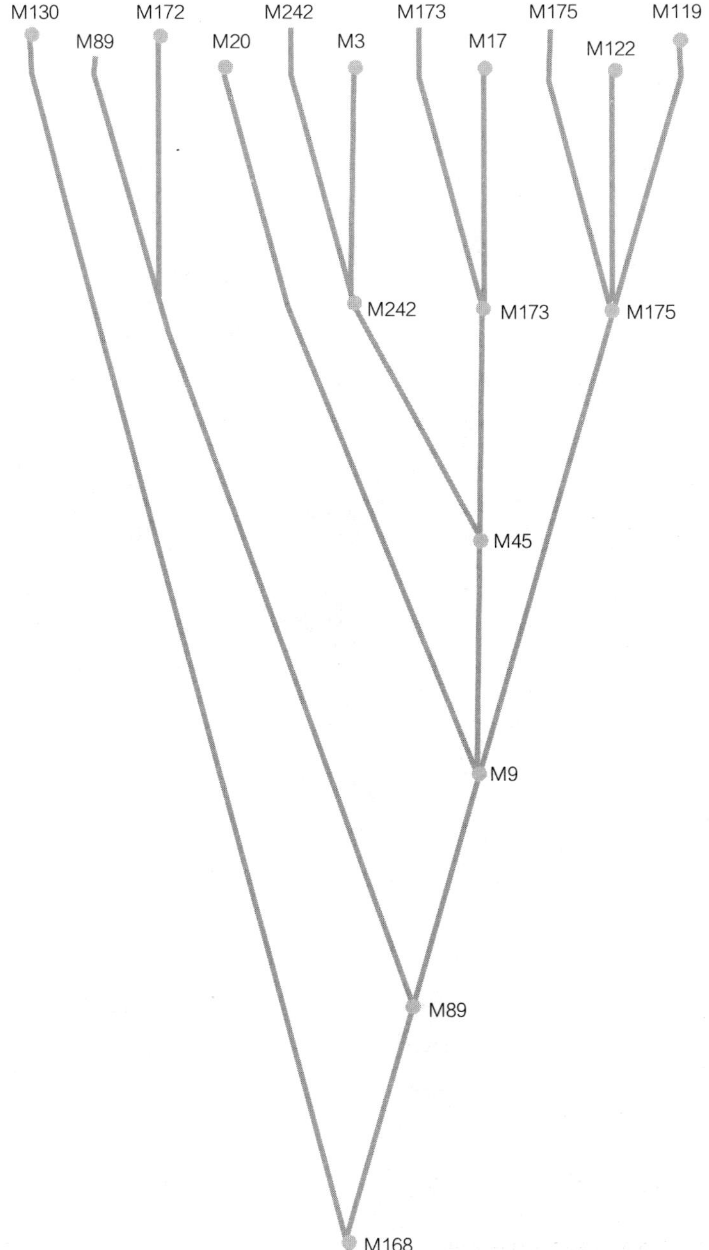

图 9　文中讨论的 Y 染色体标记之间关系的谱系树。一切都可追溯到非洲的 M168

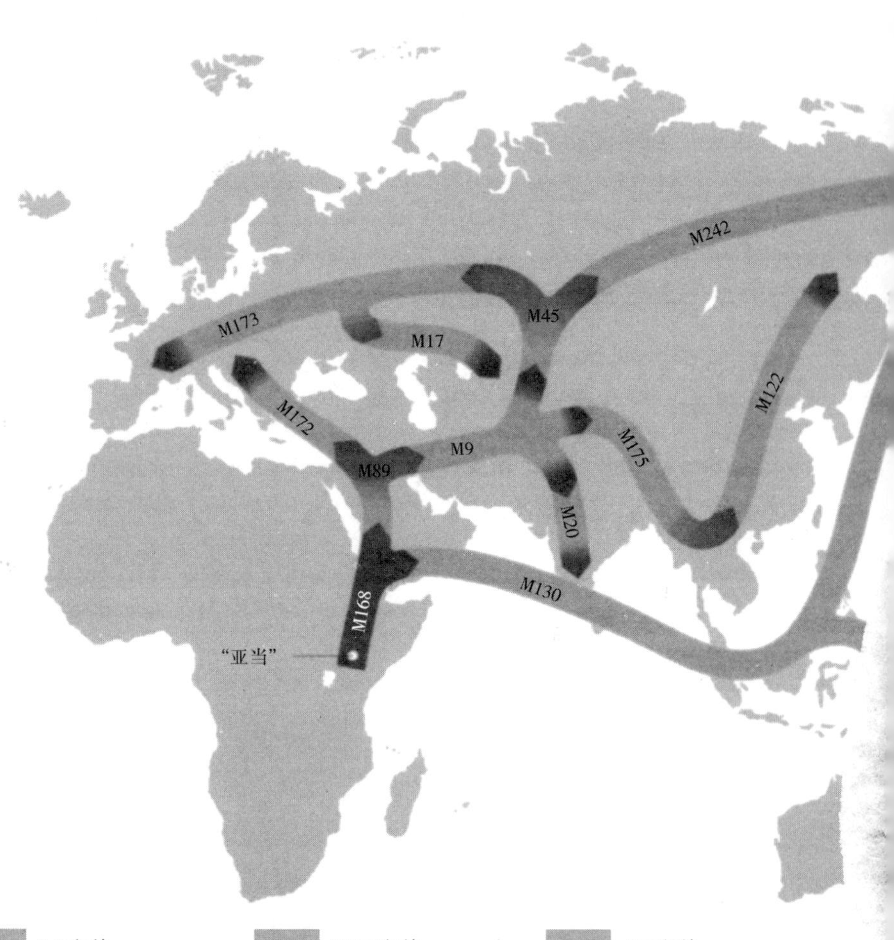

M168	5 万年前	M45	3.5 万年前	M172	1 万年前
M130	5 万年前	M173	3 万年前	M17	1 万年前
M89	4.5 万年前	M20	3 万年前	M122	1 万年前
M9	4 万年前	M242	2 万年前		
M175	3.5 万年前	M3	1 万年前		

图 10　Y 染色体系谱走向全世界

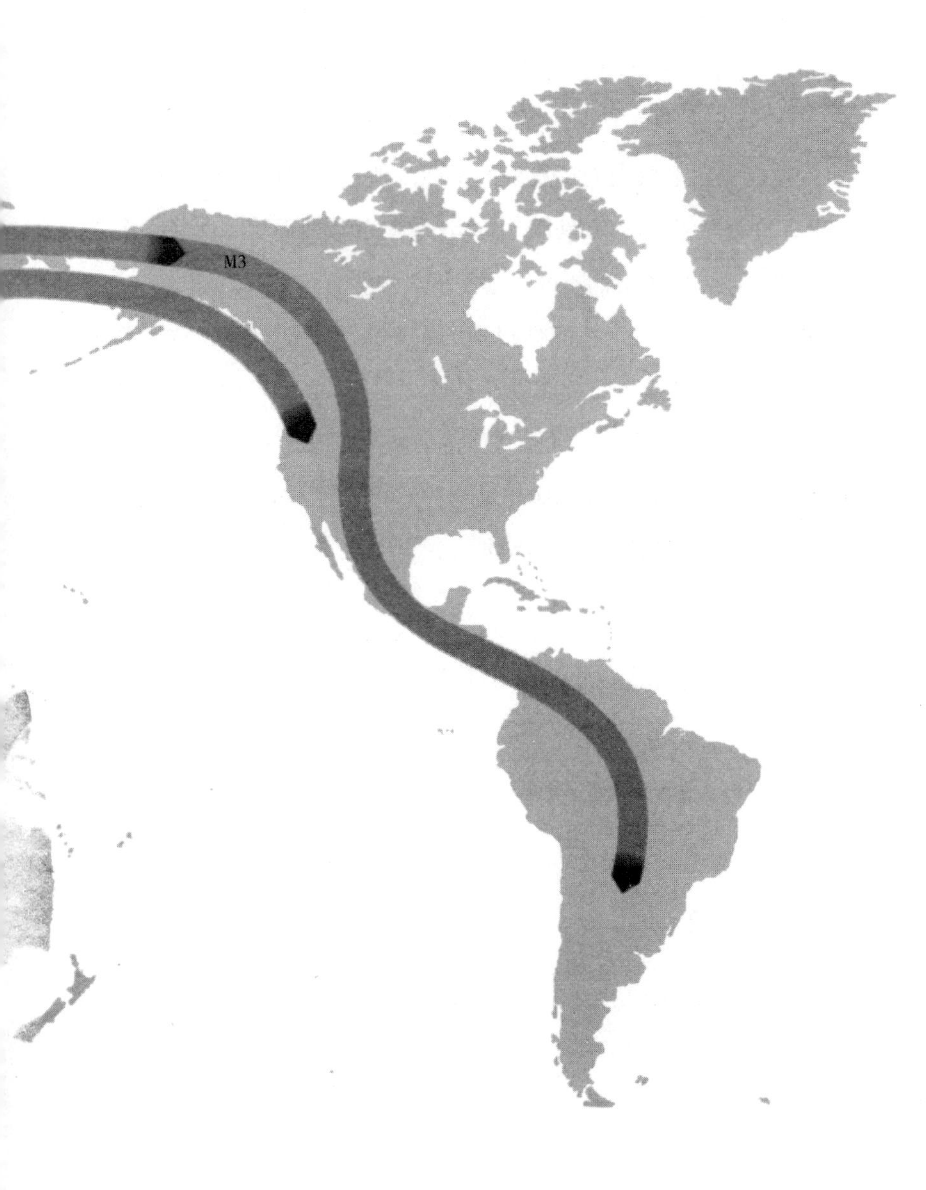
M3

提供了人们在奔向大海之前在东南亚地区短暂停留的证据。

这样，我们有关时机问题的答案就可以在农业的成熟阶段找到。只有在一个完全成熟的热带变种农业模式落地生根之后，我们的前波利尼西亚人才能够启航驶向尚待发现的土地。他们带着他们的农作物，对自己靠岸后的生存能力信心满满。狩猎-采集者永远无法一次又一次地进入未知的海洋，因为他们不知道地平线之外等着自己的是什么。然而，波利尼西亚人作为一个适应性很强的农业传统的继承者，掌握着自己的命运。他们的英勇出航可能受到家园人口不断扩张的影响，这是农业发展带来的另一个后果。但他们独特的解决方案是可行的，因为他们能够选择驶向未知的地方。而正是这种对越来越多的选择的追求，引发了人类进化历史的最后一个大爆炸。

第九章

终极大爆炸

如果你知道你的历史，那么你就知道你来自何方。

——鲍勃·马利（Bob Marley），

《野牛战士》（‘Buffalo Soldier’）

几年前，我受邀在电视节目上进行基因分析。分析目标是通过遗传数据揭示所有人类都可追溯到最近的非洲祖先。一开始，我犹豫不决，因为这涉及在摄像机镜头前揭示全世界都能看到的私人基因检测结果。不过，制片人和样本捐赠人让我消除了疑虑，我开始了分析。住在伦敦的四名男性志愿者将他们的 Y 染色体提供给我进行检测，我分析了我们在本书中遇到的各种标记，M168、M130 等，不一而足。检测完成后，数据显示出四个人中的三个人符合我们的预期模式。其中有爱尔兰 / 苏格兰血统的男子的 Y 染色体可以界定为 M173，这是欧洲西北部出现频率最高的 Y 染色体变异形式。日裔男子拥有 M122，与他的同胞中大约 20% 的人一样。巴基斯坦人有 M89，这个血统在整个中东和中亚都有发现。不过，最后一个人有着令人惊讶的模式。这是一名非裔加勒比人，他一直期望自己和南部非洲的祖鲁人存在基因联系，因为他认为自己与祖鲁人有着牢固的文化纽带。然而，DNA 揭示了一个更复杂的故事。

这名非裔加勒比男人居然有着一个属于典型欧洲血统的 M173 标点。在数百个来自撒哈拉以南非洲原住民的样本中，M173 从未出现过，所以最明显的问题是，他怎么会有这样的异常结果？另一方面，我们测试的其他非 Y 染色体标记显示他不可能不是非洲人，其中就包括 20 世纪 90 年代中期我首次在一个祖鲁男性身上识别出的标记。显然，Y 染色体正在讲述一个完全不同的故事，一个有助于说明本章主题的故事。

我们这位非裔加勒比志愿者拥有欧洲人 Y 染色体的原因是，在过去的某个时候，他的一位男性祖先一定有过一位欧洲人父亲。鉴于他的家族史，混血很可能发生在奴隶制时期，他的家族生活在加勒比地区时。显然，了解最新的移民史对于解释这一结果至关重要。一旦发现了这些情况，就很容易将 Y 染色体的数据资料与遗传故事的其余部分对应起来，让我们足以窥见他复杂的家族树结构。

这是一个特例吗？绝对不是。在非裔美国人中，多达 30% 的 Y 染色体谱系来自欧洲。奴隶贸易时代给生活在非洲以外的非洲人后裔的 DNA 打下了鲜明烙印。然而，他们并不是唯一有着混合祖先的人。在过去的 500 年里，经历了欧洲地理大发现时代和随之而来的工业革命，人类的流动性比以往任何时候都强得多。今天，第一批流浪欧亚大陆的现代人类的后裔正环绕地球飞速移动，速度快得让我们旧石器时代晚期的祖先喘不过气来。人类进化史上的“终极大爆炸”（也被称为“流动性革命”），催生了全球化时代。虽然生活在“地球村”的文化和经济后果依然为商界人士和政策制定者所争论，生态影响也表现为生物多样性的加速减少，但最后这次“爆炸”的基因效应可能不是那么清晰。

一条语言线索

作为一名遗传学家，我的大部分工作都集中在破解中亚居民的关系上。乌兹别克斯坦、哈萨克斯坦、吉尔吉斯斯坦和它们的邻国在苏联时代曾经把大多数西方科学家拒之门外，在它们 20 世纪 90 年代早期向外部放开的时候，我第一时间抓住了一个去那里的机会。在此之前，对世界遗传多样性的抽样调查主要集中在欧洲、东亚（特别是中国和日本）、南非和北美。中亚对我这样的学者来说几乎是未知的，是世界基因模式中的一个“黑匣子”。

我第一次去那里访问是在 1996 年夏天，从那以后，因工作原因我去过好多次。我曾驾驶着路虎汽车从伦敦出发，也曾坐着摇摇欲坠的苏联时代的飞机，并背着大大小小的基因取样设备走过偏远的边境。其中最让人难忘的一次旅行是 2000 年 8 月访问塔吉克斯坦。当时我们与当地的科学家和医生合作，目的是从生活在该国山区的一些少数民族中采集血液样本。雅格诺布族（Yagnob）就是其中之一。

雅格诺布人与丝绸之路仍畅通的时代有着直接的联系。他们的语言雅格诺布语（Yagnobi）是粟特语（Sogdian）的直接传承者，粟特语曾经是丝绸之路的通用语言，就像英语是今天的国际商务语言一样。在公元 5 世纪左右，波斯与中国之间的中亚各地的贸易中心普遍使用粟特语。在被穆斯林占领之后的 7 世纪至 9 世纪，它的使用率有所下降，到了 20 世纪，除了这儿之外，所有的粟特方言都消失了。居住在塔吉克斯坦北部偏远的泽拉夫善（Zerafshan）山谷中的一些孤立村庄中的雅格诺布人仍然会说这种古老的语言。这是拥有 1 500 年悠久历史的语言的残影。我们的计划是拜访他们并解释我们的研究内容，希望他们能够参与我们的研究，这样才可以根据他们 DNA 中的信号追踪他们的漫长历史。

我们从塔吉克斯坦首都杜尚别出发，历经长途跋涉才到达了雅格诺布村，途中穿越了政府部队在塔吉克斯坦漫长而血腥的内战中新近夺回的通道。经过持卡拉什尼科夫枪的士兵把守的检查站后，我们走到山脊另一侧的系列平行山谷中，终于发现了一条沿着泽拉夫善河东去的土路。几个小时以后，我们开着我们那苏联时期生产的旧面包车穿过崎岖的山地，来到了一个小基什拉克（kishlak，意为村庄）。我们满怀期待地跳下车，希望和当地的“头人”谈谈。我们一边喝着茶，一边解释着这个项目，而老人一直在沉思着。最后，他告诉我们，我们这次旅行是徒劳无功的。

他解释道，大概是从丝绸之路时代起，雅格诺布人一直在这里繁衍生息。但是在20世纪60年代的时候，旱灾导致苏联人将他们安置到低地的村庄。此外，在20世纪80年代后期还发生了一场地震，许多留下来的人也都搬到了杜尚别。现在，很难找到生活在自己古老土地上的雅格诺布人。也许可能会在首都找到来自这个地区的出租车司机或清洁工，但雅格诺布人基本上已经从他们的古老家园中消失了。但是，还是有一个更偏远的雅格诺布人村庄，需要在山里步行几天才能到达。失望之余，我们感谢了他，起身告别。经过多天的搜寻，我们终于找到了一个雅格诺布村，当地人很乐意帮助我们完成这项工作，但我们从首都搜寻到的这个古老人群的样本数，比村子里能找到的更多。我们寻找丝绸之路上孤立遗存基因的努力几乎失败了。

塔吉克斯坦老人向我们解释的事情实际上在全世界每天都有发生。雅格诺布不是一个孤立的个案，事实恰恰相反，这样的事情有很多。现代生活的一个重要事实是，逐渐扩张的城市吞噬了村庄，村庄居民被扔进了一个语言和种族混杂的境况中。随着城市的进一步扩张，语言和种族混杂的局面会变得越来越复杂。虽然一些社会包容多样性，但许多人认为多样性是团结的障碍。它常常被热衷于促进文化和谐的政府回避，尤其是在新成立的、努力寻求一种认同感的国家中。要理解为什么，我们需要仔细研究一下 19 世纪欧洲兴起的国家发展模式。

口音的消失

今天当你访问法国时，法国人对他们语言的热爱会让你印象深刻。作为国家语言官方守护者的法兰西学院像鹰一样监督着法语的说和写，以应对外来影响的挑战。然而，就在 150 年前，也就是差不多六代人之前，居住在法国的人中，只有不到一半的人真正讲法语，大多数人讲当地方言和其他语言。在大约同一时间的意大利，估计有不到 10% 的人会说意大利语。奥地利首相克莱门斯·冯·梅特涅（Clemens von Metternich）当时讽刺说，意大利与其说是一个国家，不如说是一种“地理表达”。如果把语言当成一个因素的话，这显然正确无疑。

19 世纪的欧洲是一个新思想和运动的旋涡所在。浪漫主义、现实主义、工业化、殖民扩张，所有这些都将对我们“现代”世界观的发展做出重大贡献。新思想最重要的表现之一是民族主义的兴起，也就是创建欧洲现代政治版图，并对世界其他地区产生深远影响。

19 世纪以前，欧洲被划分为独立的封邑、王国和公国，生活远比今天更“本土”。人们效忠于地方统治者，他们的生活围绕着本地区事件展开。这也反映在他们的婚姻模式上，这种模式往往是高度本地化的。在欧洲有史以来的大部分时间里，一对新人的出生地往往只相隔几千米，这导致了血缘婚或家族内婚的程度较高。这些地域特征也延伸到语言。例如，虽然现代法国只有一种官方语言，受到学术界宗教式的保护，但在 18 世纪末，有许多可以追溯到几百年前或几千年前的地方语言，巴斯克、布列塔尼、奥克坦、科西嘉、阿尔萨斯都是不同的语言实体。例如，布列塔尼语就是一种与威尔士语和盖尔语，而不是与法语关系更密切的凯尔特语言，尽管它的通用区域是法国西北海岸布列塔尼半岛。使用这些地方性语言的人认为自己拥有独特的身份认同，如果你愿意，可以称之为族群，这些族群最终要被纳入法国国家创建的过程中来。

随着民族主义在欧洲兴起，语言被新兴的统一国家当作打造国家认同的工具。政府通过突出一种语言并使其凌驾于其他语言之上的方式寻求文化的统一。从 18 世纪开始，英语就是英国首选的书面语言和政府官方用语，但生活在英国的许多人只会说与英语关联不大的语言。其结果是以牺牲凯尔特语为代价，把英语当作母语的人数增加。凯尔特马恩岛语（Manx），当地人称其为 Ghailckagh，是马恩岛的本土语言。在1874年还有1.2万人使用本土语，但到了20世纪初仅余4 000人。最后一位以马恩岛语作为母语的人于 1974 年去世，如今，马恩岛语仅作为一种活化石被几百名狂热爱好者保留下来。

在 19 世纪，强制性民族语言教学以及国家兵役制度对官方语言的推广普及有助益，在几代人后，民族语言趋近于形成。国家成功转型为单一语言制国家。语言和国家进行角力的最好案例之一来自德国。格林兄弟——雅各布和威廉以编纂欧洲孩子在童年时期就耳熟能详的童话故事而闻名于世。也许很多人不知道，雅各布还是一位卓有成就的语言学家，他阐明了日耳曼语演变过程中发生的声音变化规律。例如，古印欧语系单词里的 b 在日耳曼语中一律改成了 p，等等。格林兄弟的作品从某种程度上来说，给讲日耳曼语的民族带来了一种团结感。在语言学研究中，这一方面是在阐明和整理日耳曼语言的统一性和历史，作为国家语言标准创建的一部分；另一方面，这些童话故事也记录了日耳曼人的民间文化，以保留和塑造他们的民族身份。日耳曼人正处于“日耳曼民族”的形成过程中，格林兄弟作为知识分子，也参与了这个新的民族国家的建设。

在欧洲民族主义兴起的这段时期里，通过语言达成历史识别及认同的模式逐渐发展起来，但是只是一种简单的判断：语言趋向于定义文化，而文化又与其语言密不可分。之所以如此，其原因在于，“创造”一种语言需要很长的时间——大约 500 ~ 1 000 年才能发展出有别于其他民族语言的语言。例如，罗曼语族已经有大约 1 500 年的历史了，它们的起源可以追溯到拉丁语作为罗马帝国通用语言的时代。今天，法语、西班牙语、意大利语、罗马尼亚语、加泰罗尼亚语和罗曼什语（瑞士格劳宾登州使用）都可以通过一个共同的语源与罗马人的语言发生关联。其他语言，比如巴斯克语，与其周边的语言分离开来的时间更长。但是，无论哪种情况，语言反映出来的都是长期文化隔离的最终结果。

当我们失去一门语言的时候，我们也就丢失了我们历史的某一部分概貌。如果巴斯克语言灭绝了，我们将失去与欧洲的前印欧语的唯一联系。如果塔吉克斯坦那将近 2 000 个说雅格诺布语的人完全融入讲塔吉克语的多数人口中去，他们的子女也不再学习雅格诺布语，那么我们就会失去与丝绸之路时代相关的鲜活联系。在每一桩语言死亡案例中，我们都失去了我们文化历史的一部分。特别是那些还没有来得及研究和记录的语言的消亡，这种情形在当今比比皆是，会让我们失去那段再难重现的历史时光。

今天，全世界将近半数的人口说着 15 种最常见的语言。其中一些语言，如英语、西班牙语和阿拉伯语，是通过殖民主义传播的。其他的则是农业驱动下的人口增长导致了使用者数量的增长，汉语和印地语就是两个最好的例子。然而，即使在这些情况下，民族（国家）语言的创建也有助于这些语言取得优势地位。显而易见，有几种语言的使用正在变得越来越广泛。尽管我们的语言学家识别出了 6 000 多种不同的语言，全世界 90% 的人使用的是排名前 100 的语言，但显然，大多数语言只在很小的群体中使用。

绝大多数这些语言的未来不容乐观。正如讲雅格诺布语和马恩岛语的人口越来越少一样，类似的情形会一再发生，大多数语言都将消亡。这些注定要消失的语言中的绝大多数都只是在很小规模的群体中使用，这些群体会逐渐被更大的群体吸收或是驱散。我们在第一章中提到过的达尔文所记录的火地岛人使用的亚格汉语（Yaghan），作为欧洲殖民主义的受害者，可能已经灭绝了。语言学家丹尼尔·内特尔斯（Daniel Nettles）和苏珊娜·罗曼（Suzanne Romaine）估计，到 21 世纪末，世界上一半以上的语言有可能以将近每两周一种语言的速度消亡。据语言学家估计，公元 1 500 年全世界有着 1.5 万种语言，由此看来，我们已经失去了曾经存在过的半数以上的语言多样性。

但是，你可能会想，这本书的重点是要通过对我们基因组的研究来讲述我们的历史，那么，为什么我们要关心民族主义的兴起和语言的消亡呢？这是因为，正如我们在前一章中所揭示的那样，语言往往与遗传模式相关。在这种情况下，语言多样性的减少能给我们透露出有关基因组现状和未来的哪些信息呢？

全球熔炉

正如我们所看到的，对于人类这个物种而言，只有一小部分的遗传多样性能区分不同种群。而我们绝大多数的遗传变异在任何一个单一的群体中都能找到。之所以如此有两个原因。首先，我们是一个相对年轻的物种。我们的祖先都生活在大约 5 万年前的非洲，到今天也就传承了 2 000 代。鉴于突变的发生并不常见，而且其出现频率要达到可以在人口中进行取样的程度还需要一段时间，我们现在所能观察到的绝大多数遗传多样性应该早已存在于人类祖先的非洲种群中。除了 Y 染色体，其他基因都能反映这一点。这些多态性中的大多数看起来都很古老，这与它们在人类离开非洲之前就存在于人类祖先种群中这一事实保持一致。

不仅如此，人类“种族”这个定义似乎起源较晚。在大多数情况下，把现代人类区分为不同地理归属群体的身体细节特征仅出现在过去 3 万年的化石记录中。大多数更为古老的非洲人、亚洲人和欧洲人的化石非常相似。尽管我们对我们祖先的皮肤颜色、头发类型或者其他外在特征一无所知，但骨骼的证据表明，我们有关种族的概念实际上是最近才出现的。最后一个冰期导致的人类群体的碎片化分布，可能造就了我们在现代人类身上观察到的各种独特的“种族”形态，而非卡尔顿·库恩和其他人所说的那样是经由数十万年的独立进化而来的。例如，东北亚和美洲常见的铲形门齿模式首次出现在不到 3 万年前的化石记录中。在此之前，亚洲人类的牙齿与世界其他地方的人类牙齿没有太多差别。

导致人类群体间这种遗传一致性的另一个原因在于人类的流动。在整个历史中，人类群体都有混杂在一起的时候。这种情况下，遗传变异的模式就会分散到全部的混合种群中。因此，即使是在现代人迁移出非洲以后产生的遗传标记，作为随之而来的人类种群混杂的结果，就像我们追踪过的 Y 染色体所携带的大多数标记一样，它们也会广泛散布开来。

语言消亡的态势表明人类的混杂正在加速推进。语言的消亡主要发生在那些以往孤立的小群体被纳入一个占据优势地位的更大群体的过程之中，就像马恩语消融进作为英国官方语的英语中一样。事实上少数族群被消灭的情况是罕见的，相反，他们只是被整合进了大族群中。但是有没有关于这种情况发生率的真实数据呢？

答案是肯定的。大多数发达国家都会进行全国人口普查，对居住在该国的人口进行统计，并将其细分为人口统计单位。这样做的原因有可能是基于实用，例如分配政治代表或政府资金，但这些数据也揭示了有关社会的更深层次的真相。最著名的人口普查是美国每 10 年举行一次的人口普查。2000 年人口普查的结果除了显示美国人口为 2.814 亿，比 1990 年增加了 13% 外，它还详细说明了不断变化的种族状况。2000 年，美国人第一次能够准确地细分他们的族群。族群类别的数量从 5 个增加到 63 个，并且首次能够报道少数族群的整合。

共有 680 万人声称自己是“白种人”和“少数”族群的混合。当然，这忽略了不同类别白种人的混合，这些白种人的细分可能意味着从爱尔兰白人到黎巴嫩白人再到摩洛哥白人等等。正如我们在前面的章节中所看到的，这种混合人群本身就包含了种类众多的族群和标记。就官方的“混合”类别而言，许多有着混血血统的人实际上认为自己属于一个单一的种族，与其他种族完全不同，这表明混血美国人的真实数量实际上远远高于实际报道的数量。美国人口普查局进行的调查显示，只有 25% 的黑人 / 白人混血受访者认为自己是白人，但大约一半的白人 / 亚裔和白人 / 西班牙裔受访者认为自己是白人，81% 的白人 / 美洲原住民认为自己是白人。2000 年人口普查的结果之一，就是美国比人们想象的更像一个大熔炉。

高尔夫球手“老虎”伍兹可能远比许多人意识到那样更能反映当

今美国的国民面貌。伍兹声称自己具有非裔美国人、欧洲人和东南亚人的血统，他也是一个逐渐壮大的群体的一员，这个群体很难用简单的定义来描述自己所属的那个种族。即便是那些认为自己是单一族群的人，比如非裔美国人，也往往有来自其他群体的大量混血。这实际上是针对 1987 年第一份有关线粒体夏娃的公开出版的科研成果的批评之一。因为坎恩、斯通金和威尔逊将居住在旧金山湾区的非洲裔美国人作为“非洲”代表性人口进行了抽样。批评者指出，那些看上去是非洲裔的人，他们最深层的谱系很可能实际上并非“非洲人”。到 1991 年他们发表第二篇论文时，非洲人才被收入进来，以佐证最初的结论是有效的。

从很多方面来看，“老虎”伍兹都是一个只能出生于 20 世纪的人。他那源自世界不同地带的复杂的祖先网络，在过去这 100 年的时间里相遇于美国。但伍兹只不过是一个明显的例子，说明过去几个世纪一直存在着的一种现象，这种现象导致了历史上从未相遇的人们聚到一处。随着社会对种族态度的不断变化，今天的人们比他们的祖先更有可能生育有混合种族背景的孩子。虽然这从社会角度看来肯定是一件好事，它导致了种族刻板印象的崩溃，但这也确实意味着我们的基因身份越来越紧密地缠绕为一体。混血模式正在破坏古老的、区域性的遗传多样性模式，取而代之的是世界性的标记熔炉。在纽约东村的一家夜总会对 100 人进行抽样，很可能会检测出我们在这本书中讨论过的每一种标记，它们都在这样一个小规模的、潜在混血的人群中。这就意味着，对于基因史的研究来说，这种混血将会是我们探求之旅的最后一站。

正在关闭的窗

人类历史上的第三次人口大爆炸让我们看到了一个全新的基因景观。5 万多年前人类开始分化，分化过程呈现出的彼此区别的多样性拼图，而今正在重新排列组合，彼此连接，融合为一体，这在以前是不可能的。尽管这些遗传标记本身不会丢失，但是它们得以产生的场景可能很快就会消失殆尽。尽管我们可以从纽约夜总会或是来自世界各地的孤立群体样本中很容易地追踪到血缘谱系之间的遗传关系，但是这一结果却没有太多意义。这是因为我们不能把基因分析与特定地理位置相关联。例如，我们前往澳大利亚的海滩之旅，依赖于最古老的 M130 染色体的分布，而这些染色体仅能在欧亚大陆南部地带找到，中东几乎无迹可寻。理想状况当然是这些地方的原住民一直在那里生活了 5 万年，因为只有对长期居住在这些地方的原住民人群进行抽样，我们才有希望推断出他们祖先的基因构成。古老的当地人口是关键，血缘混杂越少越好。如果以语言作为衡量标准，类似的孤立社区被吞没的速度越来越快。此外，现代工业生活的性质决定了这些社区的成员越来越多地迁往城市，在那里他们身上所有的标记都将汇入到巨大的、旋转的大都市多样性熔炉。不幸的是，当这种情形发生时，只有它们才能讲述的独特故事也将消失。

一些少数族群正在重新找回认同感，与高歌猛进的全球化文化浪潮进行殊死斗争。欧洲的激进主义者，如巴斯克埃塔组织，往麦当劳餐厅投炸弹的法国农民，以及出现在经济峰会上的反全球化的抗议者，都标志着人们日益认识到传统的文化认同正在大规模地丧失。然而，最终他们因方法太过极端而无法获得广泛的支持。对于大多数原住民来说，成为地球村的一部分所带来的回报实在太具诱惑性，难以拒绝。离开古村落的决定通常出自个人的选择，感觉其他地方的机会更好，又或是感觉在家乡已经没有希望。最终，由于激进主义者没法干预原住民的个人选择，他们的战斗注定失败。

这本书里的故事只能讲述到现在。然而，它还仅仅是一个更为详尽的表述的大致轮廓，整个旅程需要经年累月的研究才能被彻底破译。我们也许能够看到森林的风景，但对于树木仍然知之甚少。尽管人们认识到他们自己的文化认同受到外在侵蚀，许多原住民现在拒绝参与到科学研究中来。由于殖民历史中出现过相关事件，例如 20 世纪中叶对澳大利亚原住民进行的可怕的医学实验，也就不难理解为什么许多原住民对科学家保持警惕。激进主义者还重申了有关先祖遗骸的古老禁忌，要求学界归还这些考古材料以便妥善埋葬。这些文化禁忌能够，并且也确实延展到为基因研究提供样本。在某种程度上，我们确实是试图从生活在当下的人的血液中挖掘过去，这种活动可以被解读为偷窥（甚至更糟）。出于保护文化隐私的愿望，再加上怀疑科学研究的结果可能会与自己的信仰不一致，越来越多的原住民群体选择不参与相关研究。科学家们有责任解释清楚他们的工作与他们希望研究的人之间的相关性，这样才能让原住民参与从而成就一项真正的合作性研究。只有这样，我们才能重新获得失去的信任。

今天，我们在许多方面依然是旧石器时代的物种，有着同样的欲望和弱点，距离走出非洲也不过 2 000 代人的时间。具有讽刺意味的是，人类历史的最后一次大爆炸一方面为我们提供了“工具”，好让我们阅读有史以来最伟大的历史书稿，即那些隐藏在我们 DNA 中的重要篇章；另一方面它同时创造了一种文化场景，在这种场景中我们越来越难以开展这项工作。我们能够瞥见的遗传数据清楚地表明，我们这一物种有着单一的共享的历史。我们中的每一位，都是其中独一无二的篇章，这些篇章锁在我们的基因组里，为了我们自己，也为了我们的后代，我们应该去探索它。自我们的祖先从树上下来，我们就利用我们的智慧向外探索并走向未来。在过去的几千年里，我们永恒地改变了我们的世界，以及我们在世界中的地位。随着农业的发展和其引发的文化连锁反应，我们获得了选择我们自身进化轨迹的力量。然而，随着这股力量的增强，我们的责任也在与日俱增。我们所忽视的责任之一就是自我发现。一旦这段旅程的记忆丢失了，就会像我们的祖先离开非洲殖民全球时留下的足迹一样，永不再回来。

致　谢

很多同事的洞见与帮助使我获益良多。他们或是提供资料，或是进行阐释，或是就本书涉及的很多主题进行反向论证。首先要感谢的是彼得·昂德希尔，他有关 Y 染色体的群体遗传学的细致研究使我得以讲述这个故事。正是彼得和他斯坦福的同事，发现了本书讨论到的绝大多数遗传标记，这个领域欠他一份感谢。在与李进合作的过程中我也学到了许多东亚人的历史知识，他可谓一座知识宝库。从与我牛津的同事沃尔特·博德默、塔蒂亚娜·泽佳（Tatiana Zerjal）和克里斯·泰勒–史密斯的交流中我也学到很多，他们在很多遗传细节上不断挑战我，组成了很有启发性的一个团队。和纳迪拉·约达舍娃（Nadira Yuldasheva）、鲁斯兰·鲁兹巴克维（Ruslan Ruzibakiev）在亚洲偏远区域采集样本的难以计数的岁月使我们已经成为朋友和合作者，同样非常感谢他们这些年的实验室工作。梅里特·鲁伦和理查德·克莱因很乐于讨论他们各自在语言学和古人类学上的工作，毫不夸张地说，他们提供了至为宝贵的素材。同样也要感谢路易·坎塔纳–穆尔西、马蒂亚斯·克林斯和马克·塞尔斯塔德在巴黎、伦敦和波士顿享用悠长的大餐后对他们所做工作进行的深度阐述，就为了这，之后的宿醉完全值得。我要感谢我在伦敦 Tigress 制片中心的同事杰里米（Jeremy）、克莱夫（Clive）、戴维（David）、凯里（Ceri）、杰基（Jackie）、艾当（Aidan）和马丁（Martin），他们在漫长的电视制作过程中始终对这个项目充满信心，做出了一部相当棒的影片。我们也荣幸地拥有一位超棒的制片人，詹妮弗·比米什（Jennifer Beamish），她睿智的头脑将本书的许多观点完美地表达了出来。特别要感谢本书的编辑，企鹅（Penguin）出版社的斯蒂芬·麦格拉思（Stefan McGrath），他对该项目的热情从未消退，正是他熟练地使用着胡萝卜加大棒的策略督促我在漫长的影片摄制过程中准时完成这本书——我欠你几杯啤酒。最后，向我的妻子特伦德（Trendell）和我的两个女儿玛戈（Margot）、萨莎（Sasha）表示歉意，原谅我在项目推进过程中长期缺席你们的生活。即使待在家里，我也经常一心思考这个项目。感谢你们的包容。

阅读推荐

对于人类遗传模式，以及这些模式和远古关联的最好的概述，当属卢卡·卡瓦利-斯福尔扎、保罗·梅诺齐和阿尔伯托·皮亚扎的《人类基因的历史与地理》（*The History and Geography of Human Genes*，Princeton University Press，1994）。这部非凡的作品概括了近30年来的有关人类群体的遗传多态性的经典研究成果，是读者了解本书提及的绝大多数材料更偏技术层面的内容的最好的单卷本指南。卡瓦利-斯福尔扎更深入的作品《基因、人群与语言》（*Genes*，*People and Languages*，Penguin，London，2000）则向一般读者展示了他的一些奠基性研究成果。

其他三本更多地从石头和骨头的角度而不是从DNA角度讲述人类史前史的必读入门读物是：理查德·克莱因的《人类的生涯》（*The Human Career*，第2版，University of Chicago Press，1999）和布雷恩·费根的《地球上的人们》（*People of the Earth*，第8版，HarperCollins，New York，1995）以及克里斯·斯特林格和罗宾·麦凯（Robin McKie）的《出非洲记》（*African Exodus*，Pimlico，London，1996）。所有这三本书对于史前史都有一种开阔的视野关照，克莱因的书尤其强调这个观点（我在先前的作品里也有提及），即正是5万年前发生在非洲的智力飞跃，使得我们人类这个物种殖民到地球的其他地区，这一观点相当令人信服。

第一章 形形色色的猿类

我所找到的有关希罗多德的名著《历史》（*History*，University of Chicago Press，1987）的最好的英文译本出自戴维·格勒内（David Grene）。全书以通俗易懂的英文将这位古希腊历史学家沉浸其中的世界里那些激动人心的事件生动地讲述出来，这可是在《历史》成书近 2 500 年后。

达尔文的旅行日记的版本很多，我使用的版本《小猎犬号科学考察记》（*The Voyage of the Beagle*，Modern Library，New York，2001）有史蒂夫·琼斯（Steve Jones）写的饶有趣味的前言。很多有关达尔文生平的细节来自珍妮特·布朗（Janet Browne）的非常具有可读性的权威传记《查尔斯·达尔文传》（*Charles Darwin*：*Voyaging*，Alfred A. Knopf，New York，1995）两卷本的第一本。达尔文的《物种起源》（*On the Origin of Species*，Harvard University Press，MA，1964）和《人类的由来》（*The Descent of Man*，Princeton University Press，1981）声名如雷贯耳，自不待言。

卡尔顿·库恩的工作主要归纳在他的两本颇具影响力的书里，即《种族的起源》（*The Origin of Races*，Alfred A. Knopf，New York，1962）和《人类现存的种族》（*The Living Races of Man*，Alfred A. Knopf，New York，1965）。丹尼尔·凯夫利斯（Daniel Kevles）对于天真理想的反常的精彩描述，详见于《以优生学之名》（*In the Name of Eugenics*，Alfred A. Knopf，New York，1985）这本书。更多的材料散见于斯蒂芬·杰伊·古尔德的《人类的误测》（*The Mismeasure of Man*，W. W. Norton，New York，1981）和乔纳森·马克斯的《人类生物多样性》（*Human Biodiversity*，Aldine de Gruyter，New York，1995）。

第二章　合众为一

本章的标题是铭刻在美国国徽上的座右铭，在所有的美元硬币上都可以找到。

有关血型研究的历史以及血型在人类群体遗传学研究中的运用，阿瑟·穆兰特的启发性研究著作《人类血型的分布》(*The Distribution of the Human Blood Groups*，Blackwell，Oxford，1954)有详细概括。书中对莱文廷作品的审阅大多来自我与他就遗传学和人类多样性的许多小时的热烈讨论，他更多的学术见解详见于《进化的遗传学基础》(*The Genetic Basis of Evolutionary Change*，Columbia University Press，New York，1974)和《人类多样性》(*Human Diversity*，Scientific American Press，New York，1982)。他最早分析人类遗传变异的论文刊载在《进化生物学》(*Journal of Evolutionary Biology*，6：381—398，1972)，这篇论文是 20 世纪人类遗传研究领域最为重要的文献之一。

狄奥多西斯·多布赞斯基的《遗传学与物种起源》(*Genetics and the Origin of Species*，Columbia University Press，New York，1982) 和木村资生的《分子进化的中性学说》(*The Neutral Theory of Molecular Evolution*，Cambridge University Press，1983)都是对科学家对群体遗传学的贡献的很好的概括。

卡瓦利-斯福尔扎的工作主要体现在《人类基因的历史与地理》《基因、人群与语言》这两本书里。最早描述人类群体基因树的论文由爱德华兹和卡瓦利-斯福尔扎发表，由 V. E. 海伍德（V. E. Heywood)和 J. 麦克尼尔（J. McNeill)编辑，题为《表型与系统发生分类》(*Phenetic and Phylogenetic Classification*，The Systematics Association，London，1964，pp.67—76)，他们两人还在《第十一届世界遗传学大会论文集》(*Proceedings of the 11th International Congress of Genetics*，2：923—

933，1964）中对这个问题有所阐述。另外，斯福尔扎、巴拉伊（Barrai）和爱德华兹合著的论文也见于《冷泉港定量生物学研讨》（*Cold Spring Harbor Symposium on Quantitative Biology*，29：9—20，1964）。斯福尔扎和博德默的《人类群体遗传学》（*The Genetics of Human Populations*，W. H. Freeman，San Francisco，1971）堪为经典的教科书——非常幸运，一书难求的情况持续多年之后，该书得到多佛（Dover）出版社再版。

在埃利奥特·索伯（Elliot Sober）编辑的《进化生物学的概念性问题》（*Conceptual Issues in Evolutionary Biology*，MIT Press，Cambridge，MA，1984）和 T. 邓肯（T. Duncan）、T. F. 斯图西（T. F. Stuessy）编辑，阿诺德·克卢格（Arnold Kluge）有特别贡献的《遗传分类学》（*Cladistics：Perspectives on the Reconstrution of Evolutionary History*，Columbia University Press，New York，1984，pp.24—38）一书对于父系制都有详细的讨论。

祖卡坎德尔和鲍林运用细胞来研究人类进化史的相关成果，部分以期刊文章的形式发表于 19 世纪 60 年代早期；有关这些研究最好的总结性文章收录于 M. 卡沙（M. Kasha）和 B. 普尔曼（B. Pullman）合编的《生物化学视野》（*Horizons in Biochemistry*，Academic Press，New York，1962，pp.189—225）和《理论生物学期刊》（*Journal of Theoretical Biology*，8：357—366，1965）。丽贝卡·坎恩、马克·斯通金和艾伦·威尔逊有关线粒体夏娃的研究发表在《自然》（*Nature*，325：31—36，1987）上，紧接着维吉兰特（Vigilant）及其他人延续这个话题的成果发表在了《科学》（*Science*，253：1503—1507，1991）。对完整线粒体序列的分析（展示了全球线粒体谱系的共享的独一无二的非洲起源）由英曼（Ingman）等人首次发表于《自然》（*Nature*，408：708—713，2000）。

埃里克·金考斯和帕特·希普曼（Pat Shipman）的《尼安德特人》（*The Neanderthals*，Vintage，New York，1992）是对早期古人类学研究进行的优秀历史性概述。更多的资料散见于上面提到过的布雷恩·费根和理查德·克莱因的作品，还有加尼斯·柯蒂斯（Garniss Curtis）、卡尔·斯威舍（Carl Swisher）和罗杰·卢因（Roger Lewin）合著的《爪哇猿人》（*Java Man*，Little，Brown，London，2000），以及罗宾·麦凯的《人类起源》（*Ape Man*，BBC，London，2000）。

第三章　夏娃的配偶

支撑现代人非洲起源说的其他DNA研究成果有韦恩斯科特（Wainscoat）等人发表在《自然》（*Nature* 319：491—493，1986）上的文章、提施科夫（Tishkoff）等人在《科学》（*Science*，271：1380—1387，1996）上发表的文章和李进等人在《美国国家科学院学报》（*Proceedings of the National Academy of Science USA*，96：3796—3800，1999）发表的文章。还有其他有关基因组的不同区域分布的研究，但是所有的研究都显示出相同的分布模式，即非洲内部存在着巨大的遗传多样性。

乔布林（Jobling）和泰勒-史密斯在期刊《遗传学趋势》（*Trends in Genetics*，II：449—456，1995）发表的文章以及拉恩（Lahn）等人发表在《自然遗传学评论》（*Nature Reviews Genetics*，2：207—216，2001）的文章从技术层面对Y染色体的结构和进化做了很好的回顾。早期关于Y染色体多样性的论文包括卡萨诺瓦等人发表在《自然》（*Science*，230：1403—1406，1985）上的论文，卢科特和吴（Ngo）发表在《核酸研究》（*Nucleic Acids Research*，13：82—85，1985）上的论文，多利特等刊于《科学》（*Science*，268:1183—1185，1995）的文章，哈默刊于《科学》(*Science*，378：376—378，1995)的论文。DHPLC（变性高效液相色谱法）和它在Y染色体人群基因分布的应用由昂德希尔等人撰文深入讨论，并在《基因研究》(*Genome Research*，7：996—1005，1997)上发表。昂德希尔等人把亚当所处的时代定位在59 000年前，这份研究报告发表在《自然遗传学》(*Nature Genetics*,26:358—361 ,2000)上。

第四章　滑开

布鲁斯·查特文的《歌之版图》(*The Songlines*，Vintage，London，1987)对原住民文化进行了整体介绍。其他有关澳大利亚史前史的好的文献资源还有A. W. 里德（A. W. Reed）的《原住民的神话、传说与寓言》(*Aboriginal Myth*，*Legends and Fables*，Reed New Holland，Sydney，1993)，克莱纳特（Kleinert）和尼尔（Neale）的《牛津大学手册：原住民的艺术与文化》(*Oxford Companion to Aboriginal Art and Culture*，Oxford University Press，2000)，以及蒂姆·弗兰纳里（Tim Flannery）的《未来食者》(*The Future Eaters*，Reed New Holland，Sydney，1994)。有关蒙哥湖的考古学和地理学知识，阿兰·福克斯(Allan Fox)的《蒙哥国家公园》(*Mungo National Park*，Beaten Track Press，Yarralumla，1997)里有具体描述。蒙哥湖人类文化遗存的时间近来又得到刷新，在和新南威尔士州布龙加威兰德拉湖世界文化遗产保护区的执行官兼考古学家道格·威廉斯（Doug Williams）的讨论中我获益良多。

有关非洲地理气候的比较完整的介绍，详见刘易斯（Lewis）和贝里（Berry）的《非洲的环境与资源》(*African Environments and Resources*，Unwin Hyman，Boston，1988)。罗伯特·沃尔特和同事有关非洲海岸居民的研究发表在《自然》(*Nature*，405：65—69，2000)

上。线粒体 DNA 从非洲开始的海岸线大逃亡证据由路易・坎塔纳-穆尔西发表于《自然遗传学》(*Nature Genetics*，23：437—441，1999)。有关 M130（也被称为 RPS4YT）分布的 Y 染色体证据来自三种出版物：凯泽（Kayser）等人发表在《美国人类遗传学》(*American Journal of Human Genetics*，68：173—190，2001)、昂德希尔等人发表在《人类遗传学年鉴》(*Annals of Human Genetics*，65：43—62，2001）和韦尔斯（Wells）等人发表在《美国国家科学院学报》(*Proceedings of the National Academy of Science USA*，98：1044—1049，2001）上的论文。上旧石器时代海岸移民的考古学证据呈现在彼得・贝尔伍德的《史前印度-马来西亚群岛》(*Prehistory of the Indo-Malaysian Archipelago*, University of Hawaii Press, Honolulu, 1997）中。乔治・波赛尔（Gregory Possehl）和查尔斯・海厄姆（Charles Higham）各自发表的有关南亚和东南亚史前史的文章收录在《牛津大学手册：考古学》(*The Oxford Companion to Archaeology*, Oxford University Press, 1996, pp.52—57）中。

本章中提及的人口沿海岸线向澳大利亚大举进发的场景，和乔纳森・金登（Jonathan Kingdon）在《白手起家的人和他的失败》(*Self-made Man and His Undoing*，Simon & Schuster，New York，1993）里的表述多有类似。

第五章　突飞猛进

“大跃进”这个术语最早被贾雷德・戴蒙德运用于人类史前史的研究，《第三种黑猩猩》(*The Rise and Fall of the Third Chimpanzee*, Vintage，London，1991）——一部关于人类史前史的引人入胜的研究总结中。有关语言起源的文献资源包括史蒂芬・米特（Steven Mithen）的《意识的史前史》(*The Prehistory of the Mind*，Phoenix，London,

1996）、史蒂芬·平克（Steven Pinker）的《语言本能》（*The Language Instinct*，William Morrow，New York，1994），以及帕克（Parker）和麦金尼（McKinney）的《智力的起源》（*Origins of Intelligence*，Johns Hopkins University Press，Baltimore，1999）。威廉·加尔文在《四季大脑》（*A Brain For All Seasons*，University of Chicago Press，2002）一书里讨论了气候变化对人类大脑的影响。托马斯·基南（Thomas Keenan）的《儿童发展导论》（*An Introduction to Child Development*，Sage，London，2002）为这个相当复杂的话题提供了一种很好的整体视角。

亨利·哈本丁和他的同事们就线粒体DNA数据开展的人类人口扩张的深入研究的成果主要体现在发表在《人类生物学》（*Human Biology*，66：761—775，1994）上的论文里。更多有关非洲气候变化的资料还包括中东的化石记录，这些资料来自理查德·克莱因、斯特林格还有麦凯的著作，以及约翰·高莱特（John Gowlett）的《上至文明》（*Ascent to Civilization*，Alfred A. Knopf，New York，1984）

第六章　主干道

本章中讨论到的Y染色体标记出现的顺序，以及它们反映的人类迁徙的历程，都在昂德希尔等人2000年发表在《自然遗传学》以及《人类遗传学年鉴》（*Annals of Human Genetics*）上的论文中有所体现。Y染色体谱系沿欧亚干草原带的扩张在韦尔斯等人的发表在《美国国家科学院学报》的论文中得到讨论。有关中亚的化石记录的比较好的概述是达尼（Dani）和马森（Masson）的《中亚文明史》（*History of the Civilization of Central Asian*，第一卷，UNESCO，Paris，1992）。刘易斯·宾福德对于早期人类食谱中的腐食的重要性研究在很多出版物中都有体现，其中最好的个案刊于《人类考古学期刊》（*Journal of*

Anthropological Archaeology，4：292—327，1985）。斯福尔扎有关中国人口的研究讨论体现在《人类基因的历史与地理》中。

第七章 石中血

詹姆斯·赖尔登（James Riordan）编写的《太阳处女与新月：西伯利亚民间故事》（*The Sun Maiden and the Crescent Moon*：*Siberian Folk Tales*，Interlink Books，New York，1989）很好地介绍了西伯利亚原住民的故事。关于早期上旧石器时代岩洞艺术的优秀综述是保罗·巴恩（Paul Bahn）的《穿越冰期》（*Journey Through the Ice Age*，Seven Dials，London，1997），同时附有简·韦尔蒂（Jean Vertut）非常漂亮的插图。

马蒂亚斯·克林斯和他的同事在《细胞》（*Cell*，90：19—30，1997）上发布了首个尼安德特人的序列，这确实是人类起源研究的里程碑式的论文。M173 是西欧人主要的 Y 染色体血统，其年代由塞米诺等人测定后发表于《科学》（*Science*，290：1155—1159，2000）。埃兹拉·朱布罗的尼安德特人口统计学模型发表在斯特林格和梅拉斯（Mellars）主编的《人类革命》（*The Human Revolution*，Edinburgh University Press，1989，pp. 212—231）上。克里斯滕·霍克斯的祖母对人口规模影响的理论首见于《美国国家科学院学报》（*Proceedings of the National Academy of Sciences USA*，95：1336—1339，1998）。

莱文（Levin）和波塔波夫（Potapov）的《西伯利亚的人们》（*The People of Siberia*，University of Chicago Press，1964）对西伯利亚人类学做了了不起的概述——很可惜现在绝版了。托马斯·杰斐逊唯一的出版物《弗吉尼亚州笔记》（*Notes on the State of Virginia*，W. W. Norton，New York，1972）的主要内容是他收集的弗吉尼亚州的事实和图表，其中人类学的部分很值得一读。理查德·克莱因在《人类生涯》

（出处同上）中对美洲人类学中多数关键材料进行了评述。詹姆斯·查特斯（James Chatters）在《远古相遇：肯纳威克人与最初的美洲人》（*Ancient Encounters*：*Kennewick Man and the First Americans*，Simon and Schuster，New York，2001）中讲述了激动人心的考古学发现。

华莱士和托里奥尼在《人类生物学》（*Human Biology*，64：271—279，1992）中回顾了他们在美洲原住民线粒体 DNA 和数次古代移民潮的研究方面所做的工作，埃莫克·斯扎玛瑞（Emoke Szathmary）也在《美国人类遗传学》（*American Journal of Human Genetics*，53：793—799，1993）中做了回顾。昂德希尔等人关于 Y 染色体 M3 标记的研究论文被收录于《美国国家科学院学报》（*Proceedings of the National Academy of Sciences USA*，93：196—200，1996）。桑托斯等人和卡拉费特等人分别在《美国人类遗传学》（*American Journal of Human Genetics*，64：619—628 和 64：817—831）发表了有关 92R7 和美洲原住民起源的探讨文章。约瑟夫·格林伯格有关美洲原住民方言的探讨在梅里特·鲁伦的《世界语言指南》（*A Guide to the World's Language*）卷一的《分类篇》中得到了回顾。

第八章　文化的重要性

本章所使用的篇头语由阿瑟·科特雷尔（Arthur Cotterell）的《世界神话百科全书》（*Encyclopedia of World Mythology*，Paragon，Bath，1999）的创世故事改编。

库克船长的日记节选可以在《库克船长日记》（*The Journals of Captain Cook*，Penguin，London，1999）中找到。

凯瑟琳·凯尼恩夫人在《发掘杰里科》（*Digging up Jericho*，Ernest Benn，London，1957）中报道了她对近东地区新石器时代文化由来的发现。布雷恩·费根有关新石器时代文化由来的研究在他的《地球上的人们》一书中可以找到，上面已有提及。斯福尔扎和他的同事们有关“进步浪潮”的研究主要收录在安默曼和他合著的《新石器时代转型与欧洲人口遗传学》(*Neolithic Transition and the Genetics of Populations in Europe*，Princeton University Press，1984)，当然还有上面提及的斯福尔扎的其他著作。马丁·理查兹等人就新石器文化扩张的线粒体证据展开的研究的相关成果主要发表在《美国人类遗传学》(*American Journal of Human Genetics*，59：185—203，1995)上。塞米诺等人有关Y染色体证据的研究以论文的形式发表在《科学》杂志上。戴维·戈德斯坦和同事们就Y染色体谱系在东南亚扩展取得的研究成果可以在《美国人类遗传学》(*American Journal of Human Genetics*，68：432—443，2001)上看到。对新石器时代过渡时期的消极面展开的讨论，有着不同的资料来源，其中包括有费根的，威廉·迈克尼尔的《瘟疫与人》(*Plagues and Peoples*，Doubleday，New York，1976)和《剑桥人类进化百科全书》(*The Cambridge Encyclopedia of Human Evolution*，Cambridge University Press，1992)。

梅里特·鲁伦的《世界语言指南》以及《语言起源》(*The Origin of Language*，John Wiley，New York，1994)和查尔斯·巴伯(Charles Barber)的《英语》(*The English Language*，Cambridge University Press，1993)为语言分类和语言学历史提供了一个整体关照。戴维·克里斯塔(David Crystal)编的《剑桥语言百科全书》(*The Cambridge Encyclopedia of Language*，Cambridge University Press，1997)是一本相当优秀的指南。斯福尔扎有关遗传学和语言学的研究详见前述《人类基因的历史与地理》一书，他有关文化和生物进化之间关系的讨论则在他和费尔德曼(Feldman)合著的《文化传播与演进：定量分析》（*Cultural Transmission and Evolution：A Quantitative Approach*，Princeton University Press，1981）一书中得到充分的展开。对印欧语起源地的研究在科林·伦弗鲁的《考古学与语言》（*Archaeology and Language*，Cambridge University Press，1987）和吉姆·马洛里（Jim Mallory）的《寻找原印欧人》（*In Search of the Indo-Europeans*，Thames and Hudson，London，1989）中得到了回顾，两本书都相当的吸引人。

马克·塞尔斯塔德和同事们有关从父居和Y染色体变异的研究发表在《自然遗传学》（*Nature Genetics*，20：278—280，1998）上。斯通金和同事有关泰国北部入赘部落的研究发表在了《自然遗传学》（*Nature Genetics*，29：20—21，2001）

第九章　终极大爆炸

有关民族主义和单一语言制的兴起，蒂莫西·贝克罗夫特（Timothy Baycroft）在《欧洲的民族主义：1789—1945》（*Nationalism in Europe*，*1789—1945*，Cambridge University Press，1998）中进行了简短概括。有关全球语言灭绝的话题，内特尔斯和苏珊娜·罗曼在他们合著的《消失的语言》（*Vanishing Voices*，Oxford University Press，2000）一书中进行了讨论。有关美国人口普查的数据可以从政府官方网站找到。有关民族身份和认同的统计数据抽取自史蒂芬·霍姆斯（Steven Holmes）发表在《纽约时报》（*New York Times*，2001年3月）上的文章。

见识丛书

科学 历史 思想

01《时间地图：大历史，130亿年前至今》 ［美］大卫·克里斯蒂安

02《太阳底下的新鲜事：20世纪人与环境的全球互动》

［美］约翰·R. 麦克尼尔

03《革命的年代：1789—1848》 ［英］艾瑞克·霍布斯鲍姆

04《资本的年代：1848—1875》 ［英］艾瑞克·霍布斯鲍姆

05《帝国的年代：1875—1914》 ［英］艾瑞克·霍布斯鲍姆

06《极端的年代：1914—1991》 ［英］艾瑞克·霍布斯鲍姆

07《守夜人的钟声：我们时代的危机和出路》 ［美］丽贝卡·D. 科斯塔

08《1913，一战前的世界》 ［英］查尔斯·埃默森

09《文明史：人类五千年文明的传承与交流》 ［法］费尔南·布罗代尔

10《基因传：众生之源》（平装+精装） ［美］悉达多·穆克吉

11《一万年的爆发：文明如何加速人类进化》

［美］格雷戈里·柯克伦 ［美］亨利·哈本丁

12《审问欧洲：二战时期的合作、抵抗与报复》 ［美］伊斯特万·迪克

13《哥伦布大交换：1492年以后的生物影响和文化冲击》

［美］艾尔弗雷德·W. 克罗斯比

14《从黎明到衰落：西方文化生活五百年，1500年至今》（平装+精装）

［美］雅克·巴尔赞

15《瘟疫与人》 ［美］威廉·麦克尼尔

16《西方的兴起：人类共同体史》 ［美］威廉·麦克尼尔

17《奥斯曼帝国的终结：战争、革命以及现代中东的诞生，1908—1923》

［美］西恩·麦克米金

18《科学的诞生：科学革命新史》（平装） ［美］戴维·伍顿

19《内战：观念中的历史》［美］大卫·阿米蒂奇

20《第五次开始》［美］罗伯特·L. 凯利

21《人类简史：从动物到上帝》（平装+精装）［以色列］尤瓦尔·赫拉利

22《黑暗大陆：20 世纪的欧洲》［英］马克·马佐尔

23《现实主义者的乌托邦：如何建构一个理想世界》［荷］鲁特格尔·布雷格曼

24《民粹主义大爆炸：经济大衰退如何改变美国和欧洲政治》［美］约翰·朱迪斯

25《自私的基因（40 周年增订版）》（平装＋精装）［英］理查德·道金斯

26《权力与文化：日美战争 1941—1945》［美］入江昭

27《犹太文明：比较视野下的犹太历史》［以］S. N. 艾森斯塔特

28《技术垄断：文化向技术投降》［美］尼尔·波斯曼

29《从丹药到枪炮：世界史上的中国军事格局》［美］欧阳泰

30《起源：万物大历史》［美］大卫·克里斯蒂安

31《为什么不平等至关重要》［美］托马斯·斯坎伦

32《认知工具：文化进化心理学》［美］塞西莉亚·海斯

33《简明大历史》［美］大卫·克里斯蒂安［美］威廉·麦克尼尔 主编

34《专家之死：反智主义的盛行及其影响》［美］托马斯·M. 尼科尔斯

35《大历史与人类的未来（修订版）》［荷］弗雷德·斯皮尔

36《人性中的善良天使》［美］斯蒂芬·平克

37《历史性的体制——当下主义与时间经验》［法］弗朗索瓦·阿赫托戈

38《希罗多德的镜子》［法］弗朗索瓦·阿赫托戈

39《出发去希腊》［法］弗朗索瓦·阿赫托戈

40《灯塔工的值班室》［法］弗朗索瓦·阿赫托戈

41《从航海图到世界史：海上道路改变历史》［日］宫崎正胜

42《人类的旅程：基因的奥德赛之旅》［美］斯宾塞·韦尔斯

见识城邦 出品